成功する

「生ごみ資源化」

ごみ処理コスト・肥料代激減

中村修 × 遠藤はる奈［著］

農文協

はじめに

福岡県大木町の循環センター「くるるん」は画期的な施設である。

「ごみ処理」や「し尿処理」という後ろ向きの業務を、「まちづくり」「農業振興」という前向きの業務に変えてしまったからだ。しかも費用は「処理」の半額以下！、町内の雇用も生み出した。

町内の生ごみやし尿をメタン発酵させ、その消化液を液肥として水田や畑で使う。農家は格安で液肥を利用し、有機農業に取り組む。くるるんに隣接する地産地消レストランや直売所で、その農産物を販売する。「循環のまちづくり」の取り組みがあるため、レストランや直売所を訪れる客の評価は高い。

＊

大木町の「くるるん」でやっていることは、いままでの「循環」の理念で議論されてきたことばかりだ。しかし、理念と実際の形には大きな隔たりがある。長い間、循環の理念は語られるだけで、なかなか形にはならなかった。語られるだけで形にしようとしない、形にならない理念や思想は一〇〇回語られれば、やがて腐りはじめ、諦めさえまといはじめる。「正しいことなのに、なぜ現実化しないのか」と。

腐りかけた循環の理念を現場で形にしたのが、「液肥＋水田」という循環の手法であり、「社会変換」というさまざまな循環の業務と概念である。

もちろん従来から、ごみやし尿の資源化に取り組む自治体もあったが、施設を導入するだけでは資源活用がすすまず、さまざまな問題をかかえている。そこで、全国の自治体にアンケート調査をおこない、生ごみやし尿の資源化に取り組む主要な自治体の現場に実際に足を運んで問題点を明らかにするとともに、大木町のような優れた実践事例に学びつつ、自らも当事者として関わることによって、液肥を農家や地域住民がよろこんで活用するようになるための方法をノウハウとして一般化したのが本書である。

本書をお読みいただければ、なぜ「液肥＋水田」であるのか、なぜ予算をつけ人を配置してまでも「社会変換」をすすめることがごみ処理のコストダウンと資源化成功への近道であるのか、そしてこのノウハウがどこの自治体でも通用するものであることなどが、理解できるだろう。

＊

本書は三部構成になっている。

・第Ⅰ部では、大木町、築上町の循環の取り組みと、循環の基本である社会変換について

・第Ⅱ部では、各地の実践事例、全国アンケートによる共通課題の発見、確立した生ごみの循環手法の整理

・第Ⅲ部では、有機物循環を展開するための構想、を提起させていただいた。

いま全国各地の自治体は、増えつづける生ごみとその処理費用の増大に苦しんでいる。一方農業では、石油や資源の高騰の時代を迎えつつあるなかで、肥料、農業資材のコストアップに苦しみ、資材の一部だけでも自給してゆく必要に迫られている。また地域社会は長期不況のなかに置かれ、経済成長依存の道とは異なるもう一つの経済社会、豊かな地域づくりを求めている。このような時代にあって、本書を、自治体の環境関係者だけでなく、農政関係者や農家、環境ＮＰＯ、地域づくりに関心をもつ地域の人びとなどに、広く読んでいただきたい。

そして、この本を読んだ読者の方は、大木町の取り組みを地元の首長（市長や町長）や議員に伝え、「社会変換」業務の位置づけを各自治体が積極的にすすめるよう取り組んでいただければ本望である。

二〇一一年九月一日

中村　修

目次

第5章 生ごみ資源化の現状と課題——全国の自治体へのアンケート調査結果から 90

●図表目次

第Ⅰ部

生ごみ資源化による循環型地域づくり

第1章 大木町の循環のまちづくりに学ぶ

1 循環の取り組み

●生ごみ循環利用のトップランナー＝大木町

福岡県三潴郡大木町は、福岡県南西部に位置し、大川市・久留米市・筑後市・柳川市に隣接している。人口は約一万四五〇〇人、世帯数は約四五〇〇世帯、総面積は一八・四三㎢の小さな町である。町全体が筑後平野の一部で、標高四～五ｍていどの田園地帯が広がっている。町の総面積の約一四％をクリーク（掘割）が占めており、田畑や住宅の間を網目のようにクリークが走る特徴的な景観を形成している。高温多雨の恵まれた気象条件、豊かな水を活かした農業が盛んで、しめじ・えのき等のきのこ類やイチゴが特産品として知られている。

大木町には、全国から多くの見学者が訪れる。彼らのお目当ては、大木町が二〇〇六年（平成十八年）に建設したメタン発酵施設「おおき循環センターくるるん」だ。大木町は、生ごみ循環利用のトップランナーとして、大きな注目を集めている。

●ごみ処理の大幅なコストダウンと循環のまちづくり

大木町は、二〇〇六年にメタン発酵施設「おおき循環センターくるるん」（以下、「くるるん」と表記）を建設した。この施設では、町内で発生する生ごみとし尿・浄化槽汚泥から、肥料とエネルギーを生み出している。生ごみなどを原料としてつくられたエネルギーは電力や熱としてくるるんの施設内で利用され、肥料は「くるっ肥（くるっぴ）」という名称で町内の農家や家庭菜園に提供されている。

くるっ肥で栽培された米や野菜は、住民が食べることでし尿や浄化槽汚泥に姿を変え、再びくるるんに戻ってくる。大木町はくるるんを建設したことで、ごみとして処理されていた生ごみやし尿を、町内で循環させる仕組みをつくり出した。

大木町ではくるるんを導入する前、生ごみは可燃ごみとして収集し、隣の大川市に焼却処分を委託

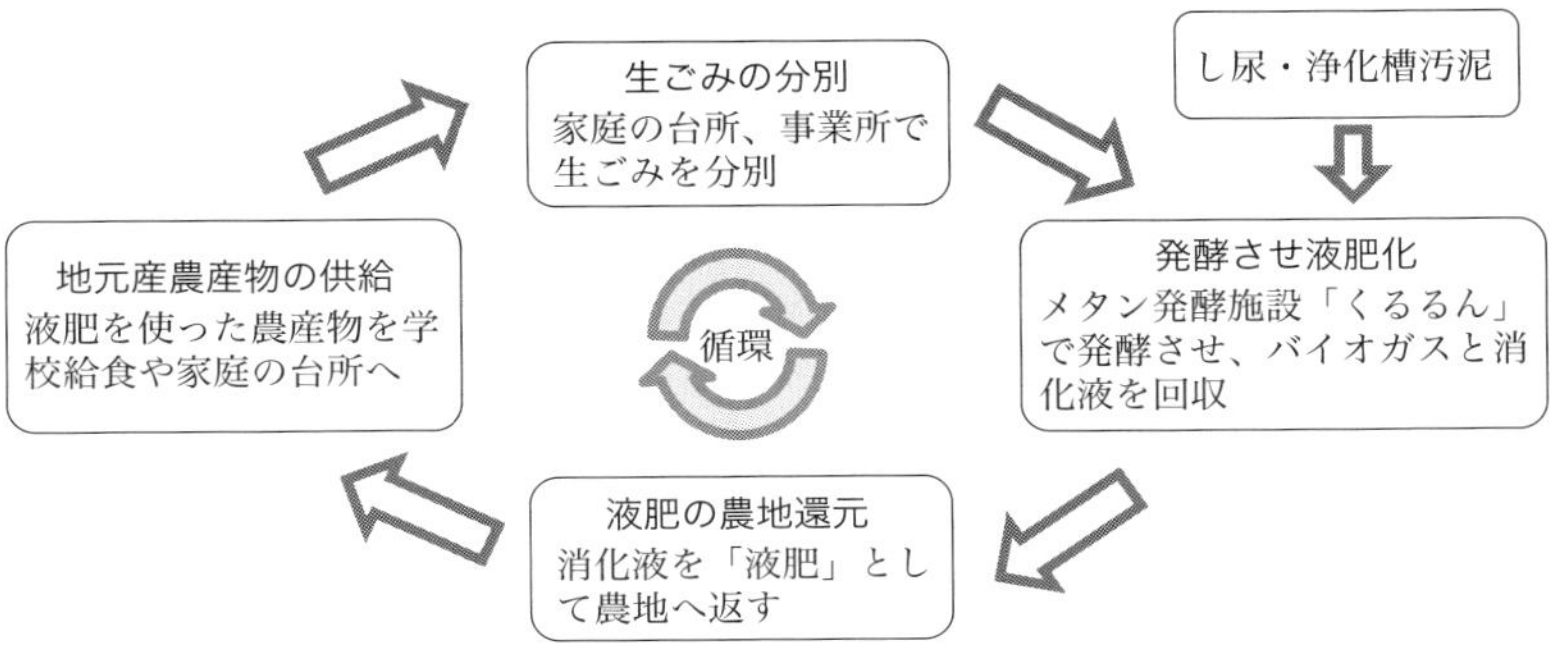

生ごみの分別
家庭の台所、事業所で生ごみを分別
し尿・浄化槽汚泥
発酵させ液肥化
メタン発酵施設「くるるん」で発酵させ、バイオガスと消化液を回収
液肥の農地還元
消化液を「液肥」として農地へ返す
地元産農産物の供給
液肥を使った農産物を学校給食や家庭の台所へ
循環

図１−１　大木町の循環イメージ

くるるん　この裏にレストランと直売所がある

道の駅おおき　右から直売所、レストラン、くるるん

表 1-1　くるるんの施設諸元

名称	おおき循環センターくるるん	
主要施設	メタン発酵槽（中温湿式）、消化液貯留設備(3,000㎥)、ガス貯留設備、コージェネレーションシステム、脱臭設備ほか	
所在地	福岡県三潴郡大木町大字横溝 1331-1	
供用開始	2006 年（平成 18 年）11 月	
受入量	生ごみ し尿 浄化槽汚泥	3.8t ／日 7.0t ／日 30.0t ／日
製造量	バイオガス 発電量 液肥	476㎥／日 752kWh ／日 6,000t ／年

していた。住民が出す可燃ごみの約四〇%が生ごみだったので、この分の焼却委託費が削減された。二〇〇五年度の可燃ごみ量が三一〇〇tであったのに対し、くるるんを導入した後の二〇〇七年には、可燃ごみ量が一七〇〇tにまで削減されている。焼却委託費用は二〇〇〇万円削減、し尿処理費用は六三〇〇万円が削減された。くるるんの運営費用は年間五〇〇〇万円ていどであるから、廃棄物処理費用としては大幅なコストダウンである。

くるるんの効果は、ごみ処理費用の削減だけではない。生ごみの循環システムは、循環のまちづくりであった。

●大木町の循環システム
――生ごみ分別から液肥の利用まで

くるるんを中心にした有機物循環システムを紹介する。生ごみが分別収集され、くるっ肥に生まれ変わって利用されるまで、順を追ってみていく。

①家庭での生ごみ分別

生ごみの分別収集をはじめるに当たって、大木町は町内の全世帯に生ごみ用バケツを無料で配布した。

このバケツは二重構造で、内側のバケツの底は網目状になっている。生ごみの分別収集をおこなう際、水切りが不十分で汚水が漏れることがよく問題になるが、このバケツを使えば自然に生ごみの水切りができる。

②生ごみの収集・運搬

生ごみの収集日は、週二回。地区ごとに定められた収集日の朝、住民は指定の収集場所に生ごみを持ち込む。収集場所には大型バケツが設置されており、ここに、家庭用生ごみバケツから移し替える。

近隣の数世帯が、共通の大型バケツを利用することで互いにチェック機能が働き、生ごみをきちんと分別しようという意識を保つことにつながっている。

町内には約二〇〇カ所の収集場所がある。大型バケツは収集日の前日夕方に収集場所に設置される。しっかりとフタが閉まる構造になっているため、可燃ごみに混ぜて袋に入れて出していたときよりも、犬・猫やカラスによる被害は減っている。この収集方法は、山形県長井市の「レインボープラン」を参考にしたものだ。

収集作業をおこなうのは、町から委託を受けた「くるるん」の職員と、シルバー人材センターの作業員である。

作業員は二〜三名で一台の収集車に乗り込む。収集車はフォークリフト式の荷台がついたトラックである。大型バケツは生ごみが入るとかなりの重量になるので、上げ下ろしするのはかなりの重労働だが、この収集車ならば作業は比較的容易である。高齢者の雇用の場を確保できるようにと考えられた仕様だ。収集作業は朝八時からはじまり昼過ぎには終わる。

この他、レストランやスーパーなどで発生する調理くずや加工残さ、食べ残し・売れ残りなども「くるるん」

生ごみの収集

で資源化されている。一般家庭が生ごみを出す場合は無料だが、こうした事業系の生ごみを出す場合は、事業者は一kg当たり三〇円の処理手数料を「くるるん」に支払う。基本的には事業者が自ら「くるるん」に持ち込むこととなっており、事業者名のタグがついた大型バケツが利用されている。

③生ごみの受け入れ・前処理

回収されてきた生ごみは「くるるん」の前処理施設に運ばれる。

ここでは受け入れ作業が楽にすすむよう、トラックと同じ高さでバケツを投入口に移動できるようになっている。また、生ごみを投入して空になったバケツは、すぐ横で洗浄される。実に無駄のない流れになっている。

ここでは、生ごみに異物が混じっていないかを目視で確認し、地下にある破砕分別装置へと送り込む。異物混入が多いバケツはどの地区のものか確認し、その地区へ注意を促すことになっている。しかし、目視でわかるよ

生ごみの受け入れ

うな明らかな異物が確認されることは、ほとんどない。

　破砕分別装置に投入された生ごみは、細かく破砕され、目視で取り除けなかった異物がここで除去される。

　その後、濃縮汚泥[1]と混合されて高温液化槽に送られ、六〇℃の熱をかけて高分子有機物の分解を促す。こうすることで、その後の発酵反応をすすみやすくしている。

生ごみを破砕機に投入

機械によるバケツの洗浄

さらにし尿と混合され、メタン発酵槽へと送られる。

④メタン発酵

　前処理された生ごみ、し尿、浄化槽汚泥は、メタン発酵槽へ送られる。メタン発酵とは、有機物が酸素のない条件で微生物の活動により分解し、最終的にメタンと二酸化炭素を生成する反応である。メタン発酵プロセスは、大きく加水分解過程、酸生成過程、メタン生成過程の三段階で進行する。最終段階では、酸発酵で生じた酢酸や水素からメタンと二酸化炭素が生成される。このメタンと二酸化炭素を主成分とするガスは、一般に「バイオガス」と呼ばれている。

　くるるんのメタン発酵槽では、約三七℃の温度が保たれ、二二日間かけて投入原料を分解させている。バイオガスを取り出した後に残る消化液と呼ばれる液状残さが、液肥として利用されている。つまりメタン発酵は、バイオガスと液肥を同時に得ることができる一挙両得の資源化システムといえる。

⑤バイオガスのエネルギー利用

メタン発酵を経て、生ごみとし尿、浄化槽汚泥からバイオガスが発生する。バイオガスは、約六〇%がメタン、約四〇%が二酸化炭素であり、この他に微量の硫化水素等を含んでいる。

硫化水素を取り除いたバイオガスは発電機に送られ、その燃料として利用されている。一日当たり四七六Nm³（ノルマル立方メートル：〇℃・一気圧という標準状態に換算した一m³のガス量）のバイオガスが発生し、七五二kWhの電力が発電されている。バイオガスでおこした電力は施設内で利用され、外部に売電はしていない。

また、発電する際に生じる熱エネルギーを利用して、施設内に温水を供給している。温水は、メタン発酵槽の保温や、生ごみ回収バケツの洗浄に利用されている。

●タダの肥料を格安で散布
――農家に大人気の液肥「くるっ肥」

こうした過程を経て、生ごみとし尿・浄化槽汚泥は「くるっ肥」と呼ばれる液状肥料に姿を変える。大木町では年間約六〇〇〇tの液状の肥料（液肥）が製造されている。製造された液肥のすべてが、町内の農家や、家庭菜園や花壇をもつ住民によって利用されている。

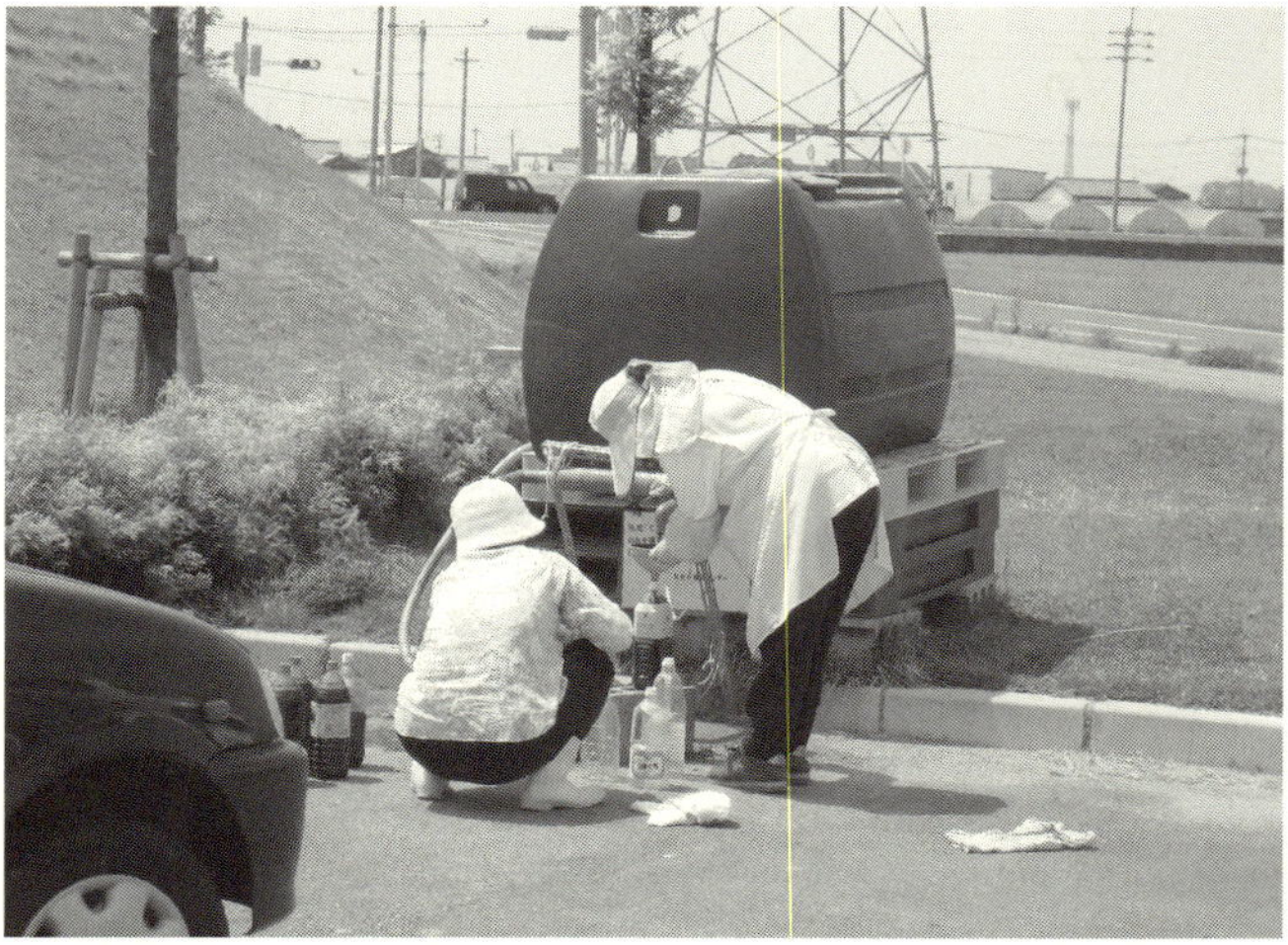

液肥スタンド　町民は自由に液肥を持ち帰ることができる（家庭菜園用）

肥料価格は無料で、散布手数料としてバキューム車一台（二・五t分）につき五〇〇円を支払えば、「くるるん」の職員が散布に来てくれる。水稲基肥の場合、一〇a当たり五tを目安に散布することとなっており、肥料代は一〇〇〇円で済む。化学肥料に比べてはるかに安く、なおかつ散布作業の手間が省けるとあって、「くるっ肥」は大変な人気である。

「くるっ肥」は、水稲や麦の追肥にも利用できるが、肥料の供給が追いつかず、追肥にまわせる量が確保できていない状況である。

2 循環事業の経緯

●きっかけは、廃棄物処理費用による財政圧迫

大木町が「くるるん」の導入を決めた背景には、廃棄物処理費用の負担が年々増加し、町の財政を圧迫していたことがある。大木町は焼却ごみの処理を隣接する大川市に委託しているが、ごみ発生量の増加に伴い処理委託費の負担は増加する一方で、町は厳しい財政に悩まされていた。

そこで焼却ごみを減量するため、一九九三年からコンポストやEMぼかしを利用した生ごみの資源化が模索されるようになった。住民団体「あーすくらぶ」を中心に、住民と行政が連携した研究や普及啓発がおこなわれ、生ごみをコンポスト化して利用する動きが広まった。この活動を通して、住民の環境問題に対する意識は高まっていった。

しかし、自宅の畑での堆肥利用を前提にしたコンポスト方式では畑をもたない世帯では利用できない。アパートやマンションなど集合住宅の住民も増えているなか、コンポスト方式を広げるには限界があった。さらに大きな問題が立ちはだかった。ロンドンダンピング条約の九六年議定書の発効である。

ロンドンダンピング条約は、正式名称を「一九七二年の廃棄物その他の物の投棄による海洋汚染の防止に関する条約」という。海洋の汚染を防止することを目的として、陸上で発生した廃棄物の海洋投棄や、洋上での焼却処分などを規制するための国際条約である。海洋投棄を原則として禁止する九六年議定書を受け、国内では二〇〇二年に廃棄物処理法が改正された。これにより、し尿と浄化槽汚泥の海洋投棄が禁じられたのである。

当時、大木町ではし尿と浄化槽汚泥を海洋投棄処分していたが、この法改正により、これをつづけることができなくなった。海洋投棄に替わるし尿・浄化槽汚泥の処理方法を、早急に決めなければならない状況に立たされたのである。

このような背景に加えて、地球温暖化問題がクローズ

アップされた。環境に配慮した廃棄物処理のあり方として、生ごみやし尿の循環利用をめざすことで町の独自性を打ち出そうという方針が定められたのである。

●迷惑施設でなく、環境教育・地産地消の拠点として構想

町は二〇〇〇年に環境課を新設し、環境課を中心に地域新エネルギービジョンを策定した。このなかで、有機性廃棄物からエネルギーと肥料を得られるメタン発酵を核として循環のまちづくりをすすめる基本構想が描かれた。

翌年度から二〇〇三年度にかけて、具体化のための検討がおこなわれた。当時は生ごみやし尿をメタン発酵により利用するという事業の先行事例はなく、国の事業にも該当するものはなかった。そのため、福岡県リサイクル総合研究センターの事業費を活用し、大木町、福岡県リサイクル総合研究センター、大学等との共同研究形式で各種調査が実施された。この三カ年の共同研究事業では、住民意識調査や、モデル地区における生ごみ分別の試行を通して生ごみ分別方法が確立された。

また、メーカーから小型のメタン発酵施設をリースし、分別生ごみを用いたメタン発酵・消化液製造実験がおこなわれた。さらに、この実験施設で製造された消化液を用いて水稲等の栽培試験も実施された。

二〇〇四年には地域新エネルギービジョン事業化フィージビリティスタディ調査を実施し、二〇〇五年にはバイオマスタウン構想を策定・公表した。以上の調査、ビジョン策定を通じて、メタン発酵施設のハード面、生ごみ分別や液肥の利用に関するソフト面での検討を重ねていった。

二〇〇五年には廃棄物処理施設の設置許可を得て、バイオマスの環づくり交付金事業として施設整備を開始した。循環センターの建設地は、中学校の裏手に位置する国道沿いの敷地が選ばれた。廃棄物を処理する迷惑施設としてではなく、環境学習や農産物地産地消の拠点施設として住民に利用される施設をめざしていたためである。

二〇〇六年九月にメタン発酵施設その他の付帯工事が完了し、翌月から稼働が開始された。これに合わせて、二〇〇六年十月から町内全世帯を対象とした生ごみ分別収集が開始された。

二〇一〇年四月には、第二期工事として整備がすすめられていた農産物直売所やレストラン等が完成し、営業

がはじまっている。

3 循環を支える四つの技

●「くるっ肥」の利用を促進する技
——液肥活用という出口の確保

循環の輪がまわるためには、いうまでもなく再生産された製品の利用者の存在が不可欠である。大木町の場合、生ごみやし尿を原料として肥料が生産され、これを利用する農家がいてはじめて循環が成立する。

大木町と同じようなメタン発酵施設は国内でいくつも稼動しているが、実は消化液を肥料として利用している地域はほとんどない。消化液の成分が肥料として有効であることが明らかであるにもかかわらず、こうした現状がある。

では、大木町の消化液の利用に成功した背景には何があるのか。その要因をみていく。

①肥料登録、栽培暦

くるっ肥の肥料成分は、全窒素〇・二五％、アンモニア態窒素〇・一三％、リン酸〇・一二％、カリ〇・一一％となっている。特に窒素成分が多いため、窒素量を基準にして施肥量が定められている。不足するリン酸やカリを、化学肥料を追肥することで補っている農家もいる。くるっ肥は工業汚泥肥料として普通肥料の登録を受けている。このことはつまり、肥料成分を分析して、有害物質が基準値以下であることが証明された安全な肥料であることを意味している。

また、町役場と農業改良普及センターが協力し、くるっ肥を用いた農作物の栽培方法を栽培暦にまとめている。

肥料成分が明らかで、その利用方法の指針があることで、大木町の農家は安心してくるっ肥を利用することができる。

表1−2　肥料成分と施肥量の目安

	分析項目	含有量
肥料成分	リン酸	0.12%
	カリ全量	0.11%
	全窒素	0.25%
	アンモニア態窒素	0.13%
施肥量	水稲・麦	5～7t／10a

②価格設定、散布作業の請負

くるっ肥は肥料取締法にもとづく肥料登録を受けているので、有償で販売することができる。だが、大木町の住民が使用する場合、くるっ肥は無償提供されている。肥料自体の価格は無料で、利用する農家は散布手数料として一〇a当たり一〇〇〇円を支払っている。

実は、化学肥料を使用して米を栽培する場合、肥料代と労働費を合わせると一〇a当たり約一万一〇〇〇円弱のコストがかかる（八六ページの図4-4参照）。そこで、くるっ肥のみで米を栽培すると一〇a当たり九〇〇〇円のコスト削減になる。

肥料代が安いこと、さらに手間のかかる肥料散布作業が一〇〇〇円で任せられるのは、農家にとって大きな魅力となっている。

近年、肥料価格は急激に高騰している。加えて、農業の担い手は高齢化し、肥料散布の重労働は農家に重くのしかかっている。大木町の循環システムは、費用面・労働面で農家を支える仕組みにもなっている。

●くるっ肥で栽培した米を有利販売する技
――特別栽培米、学校給食

くるっ肥を使用して、福岡県が認証する減農薬・減化学肥料栽培基準にしたがって栽培された米（ヒノヒカリ）は、「環《わ》のめぐみ」という名称で販売されている。

くるっ肥利用農家、中村勝さんの声

私がくるっ肥を使いはじめたきっかけは、二〇〇三年から町が実験プラントで生ごみの液肥化モデル事業をはじめたことだった。二〇〇六年には二〇aほどの水田で試験栽培をしたが、生育は順調で、これは充分使えるという自信がついた。二〇〇七年から本格的な利用をはじめた。いまでは地区の営農組合にも話をして、くるっ肥を使った特別栽培米を一五haで栽培している。

基肥の肥料・散布代が一〇a当たり一〇〇〇円で済むので、非常にコストの削減につながっている。いま、肥料の価格が高騰し、くるっ肥の利用希望者もさらに増えると思われるが、できる液肥の量は年間六〇〇〇t。住民の協業でできた肥料なので大切に使っていかなければ、と思っている。

ただ「化学肥料の代わりに使う」ということだけでなく、資源循環とか環境に気を配っていく必要があると考えている。私たちの営農組合では、稲わらや麦わらの焼却をせずに土つくりに利用したり、畦草などは除草剤を使用しないで、こまめに刈り取ったりするなど、人と自然がともに生きる農村をめざし、努力をつづけている。

この米は、農産物直売所での販売に加え、学校給食にも提供されている。

くるっ肥を使って農作物を栽培すれば販売できる場があること、子どもたちが食べる給食に食材を届けられることが、農家にとってくるっ肥を利用する強い思いになっている。

液肥を使ったブランド米「環のめぐみ」

現在、三五～四〇haの水田で「環のめぐみ」が栽培されている。販売価格は一〇kg当たり四五〇〇円とされているが、町の住民に限り事前予約をすれば三二〇〇円で購入できる。「生ごみ分別に協力した結果、つくられた米」として住民に利益を還元するための価格設定である。

●生ごみ分別を維持する技

①指定ごみ袋の値上げ

大木町では、各世帯に専用の生ごみ分別バケツが無償配布されている。つまり、生ごみを分別して出す場合に住民が負担する金額は〇円である。一方で、燃やすごみを出す場合は、指定ごみ袋を購入する必要がある。二五ℓ袋は一枚三〇円、四五ℓ袋は一枚六〇円。町は、くるるんの稼働前に、燃やすごみ袋の値上げをおこなった。

生ごみを分別すればタダ、分別せずに燃やすごみで出すなら費用負担が大きくなる、という明確な仕組みをつくったことで、住民はスムーズに生ごみ分別を習慣づけることができた。

分別モニターに参加した住民の感想から

・今回の分別モニターに参加して、住民として気づいたことや考えさせられたことが多くありました。

まず、生ごみ・プラスチック類・雑《ざつ》紙《がみ》を資源として分別することで、燃やすごみが三分の一以下になり、使用するごみ袋の数が大幅に減ったことに感激しました。

また、プラスチック類が非常に多いことに驚きました。

分別モニターに参加するまでは考えることもなかったことですが、今回参加したことで、自分自身ごみに対する意識が大きく変わったように思います。

リサイクルすることも重要ですが、それ以上に減らす（不用なものは買わない）ことの重要さを痛感しました。

・分別モニターに参加した当初は大変だと思っていましたが、少しずつ慣れてきて、最後のほうは分別することが楽しく感じるようになり、ずっと分別をつづけてもいいと思いました。

そんな私を見ていた子どもから「楽しそうだね」と指摘を受けたくらいです。

そんな子どもたちのためにも、自分ができることからやっていこうという気持ちになりました。

②優良地区の表彰制度

燃やすごみ袋の値上げで町民に生ごみ分別を促しただけではない。生ごみの分別状況が優れた地域を表彰し、記念品を贈呈する制度もつくった。

生ごみへの異物混入率が、半年間で一％未満の地区は優良地区と認定され、区長に表彰状が手渡される。記念品として、地区の全世帯にアクアス（大木町健康づくり公社が運営する温泉施設）の入浴券が贈られる。生ごみ分別に熱心に取り組むことが評価されるので、適切な分別を維持しようという思いが高まる仕組みになっている。

●住民の参加意識を高める技

①三カ年にわたるモデル事業の実施

地域新エネルギービジョンで基本構想を固めた大木町では、その翌年の二〇〇一年度から三カ年にわたり、生ごみ資源化のためのモデル事業に取り組んだ。モデル事業では、モデル地区における生ごみ分別収集方法の検討やテストプラントによる生ごみ液肥化実験、液肥を使用した農作物の栽培試験などがおこなわれた。生ごみ分別収集方法の検討に当たっては、町内にモデル地区を設定して複数の方法を試行した。それぞれの方法をモデル地区の住民が加わって評価し、最終的に現在の方法が決められた。

モデル事業の前後でアンケートを取ったところ、はじめは生ごみの分別が手間だと感じていた住民だったが、実際にやってみると負担感を感じることなく、むしろ生ごみ分別をやったほうがいい、と変わっていった。

こうしたモデル事業の成果で、くるるんの本格稼働に合わせて生ごみ分別収集の範囲を町全域に広げた際には、町全域でスムーズな取り組みにつながった。現在も、分別はきちんとつづけられている。

②もったいない宣言

二〇〇八年三月一一日、大木町は町議会の議決を経て「もったいない宣言（ゼロウェイスト宣言）」を公表した。徳島県上勝町に次ぐ、国内第二番目の動きであった。

「子どもたちの未来が危ない」ではじまる宣言文は全会一致で採択され、新聞各紙に取り上げられるなど大きな盛り上がりをみせた。町外からの反響の大きさが、生ごみ資源化事業に対する住民の関心をさらに高めたことが窺える。

大木町もったいない宣言（ゼロウェイスト宣言）

地球温暖化による気候変動は、一〇〇年後の人類の存在を脅かすほど深刻さを増しています。その原因が人間の活動や大量に資源を消費する社会にあることは明らかです。

くるるんの取り組みを核に、もったいない宣言を公表

液肥を使った農業と、その農産物を使ったレストランとで大木町の大きな循環をつくり出している中島さん夫妻

大木町で有機農業に取り組む中島宗昭さんは三・七haの水田でくるるんの液肥を利用して稲つくりをおこなっている。また、養豚もおこなっていて、豚のために飼料米（二・七ha）もつくっている。

畑の無農薬野菜と、液肥米は町内の保育園、学校の給食でも使われている。また米を餌として育った豚のウインナーは、くるるん横の直売所でも売られている。

また、中島宗昭さんの妻の中島陽子さんは、くるるんのレストランの常務として働いている。学校給食への産直の仕掛け人でもある。

大木町の大きな循環は、中島さんたちの仕事でまわっている。

有機農業を営む中島宗昭さん（豚舎の前で）

レストランで働く中島陽子さん

私たちは、無駄の多い暮し方を見直し、これ以上子どもたちに「つけ」を残さない町を創ることを決意し、「大木町もったいない宣言」をここに公表します。

—子どもたちの未来が危ない—

一．先人の暮らしの知恵に学び、「もったいない」の心を育て、無駄のない町の暮らしを創造します。

二．もともとは貴重な資源である「ごみ」の再資源化を進め、二〇一六年（平成二十八年）度までに、「ごみ」の焼却・埋立て処分をしない町を目指します。

三．大木町は、地球上の小さな小さな町ではありますが、地球の一員としての志を持ち、同じ志を持つ世界中の人々と手をつなぎ、持続可能なまちづくりを進めます。

以上宣言します。

③くるるんは町の中心部

さらに本事例で興味深いのはくるるんの立地である。くるるんは、町の中心部で中学校にほど近い位置に建設されている。国道四二四号線沿いにあり、くるるんの隣には二〇一〇年に農産物直売所や郷土料理を提供するバイキングレストランが含まれる道の駅も建設された。レストランの窓から、くるるんのメタン発酵槽や液肥貯留槽が見える。

くるるんに併設された直売所

くるるんに併設されたバイキングレストラン

直売所には新鮮な野菜や果物、惣菜がずらりと並び、商品とともに生産者の顔写真が貼られている。バイキングレストランは品数も豊富で、地元産のきのこをたっぷり入れたカレーや天ぷらなどが人気だ。昼時になると、平日でも連日地元の人びとで賑わっている。

くるるんのように、多くの往来がある場所に生ごみの資源化施設が立地している例は、非常に珍しい。多くの場合、生ごみ処理施設は住宅地から離れた山奥につくられる。最大の理由は、施設から発生する悪臭の問題があるからだ。しかも、くるるんでは、生ごみだけでなくし尿、浄化槽汚泥も処理する。本来であれば、「迷惑施設」だ。

大木町はくるるんを「迷惑施設」ではなく、「循環のまちづくりの拠点施設」と位置づけてきた。住民に親しまれる施設をめざして、町の中心部に建設しても町民に喜ばれる施設のあり方をめざしてきた。

施設内には環境学習室や資料展示室が整備され、開館時間内であれば誰でも利用することができるようになっている。現在では、道の駅を訪れた客が、農産物直売所やレストランを利用することで大木町の循環のまちづくりに参加するという広がりをみせている。

直売所に「物語り」をつくり出す大木町の循環の取り組み

（株）大木町健康づくり公社の支配人である島内邦夫さんは、くるるんの直売所、レストランの経営責任者である。農業体験、有機物循環をテーマに旅行会社とのタイアップ等、年間六五回のさまざまなイベントなどを企画して、集客や売上げの増加につなげている。

九州では、直売所、道の駅は過当競争の時期を経て、淘汰の時期を迎えている。すでにいくつもの直売所が閉鎖している。

それゆえ、単なる地場産という売り方ではなく、町の循環の取り組みを直売所やレストラン経営の軸にして、事業の展開を考えている。

（株）大木町健康づくり公社の支配人、島内邦夫さん。直売所、レストランの経営責任者でもある

【注と参考文献】

（1）くるるんでは、生ごみのほかにし尿と浄化槽汚泥も受け入れている。浄化槽汚泥は水分を多く含むため、夾雑物を除去した後に汚泥濃縮機にかけ、遠心分離によって脱水する。脱水された濃縮汚泥は、生ごみとともに高温液化槽で可溶化される。し尿は夾雑物除去後に、液化した生ごみ・濃縮汚泥と混合され、メタン発酵槽へ送られる。

なお、浄化槽汚泥から分離された水分は浄化され、施設内の洗浄水や各家庭の浄化槽の張り水として再利用されている。

第2章 築上町の取り組みの試行錯誤に学ぶ

ここでは築上町の取り組みを紹介する。

筆者（中村）が築上町を訪問して、し尿を原料とする液肥を水田に流し込んでいるところを見たときには、「これこそ、生ごみ・し尿など有機性廃棄物の循環利用の技術だ！」と感激したことを覚えている。

1 建設コストも運転コストも半額以下に

福岡県築上郡築上町は、椎田町と築城町が合併して誕生した町で、人口は約二万人。し尿液肥化事業は、合併前の旧椎田町で開始された。

収集されたし尿・浄化槽汚泥は「築上町有機液肥製造施設」に運ばれ、異物を除去したあと発酵促進剤[1]を加え、曝気する。

この好気性発酵により有機物が分解され、五五℃ていどに上昇する熱により雑菌や寄生虫卵が死滅する。

こうしてし尿から液状肥料（以下、本書では「し尿液肥」とする）が製造され、水稲や麦、レタス、ナタネ、スイートコーンなど、町内で栽培されるさまざまな作物に施用されている。

毎年約九〇〇〇tのし尿液肥が製造されているが、現在ではこの量を上回る利用申し込みがあり、地元農家に大変な人気となっている。

し尿液肥を用いて栽培された米は「シャンシャン米・環《たまき》」と名付けられ、町内の学校給食で使われている。築上町の小学生は、毎日の給食でこの米を食べ、農家との交流を通して循環の意義を学んでいる。

液肥を水田に流し込む

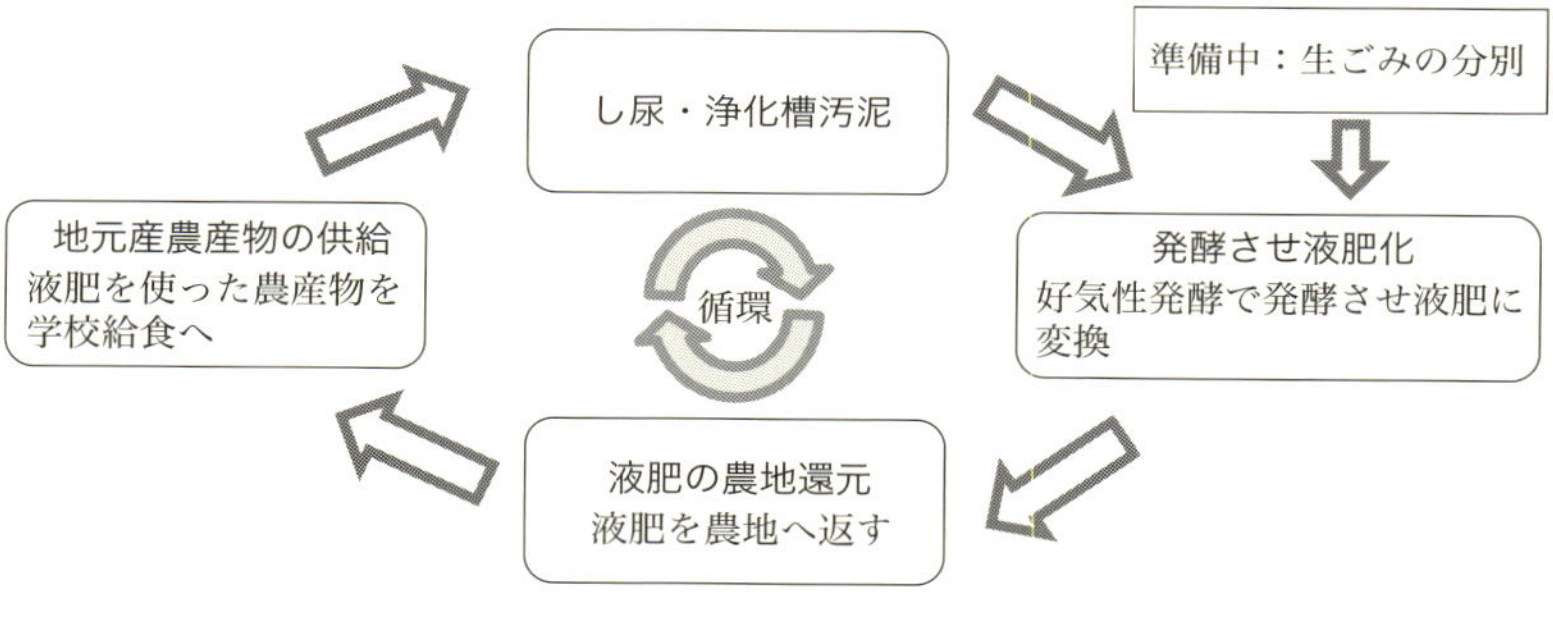

図2−1　築上町の循環イメージ

いまでは液肥の供給が追いつかないほど農家の希望が殺到している。

ちなみに、築上町のこの方式は、一般のし尿処理と比べて、建設コストも、毎年の運転コスト（液肥の散布費用も含む）も半額以下である。

しかも、汚泥などの残さもいっさい出ないため、地域農業振興としてだけでなく、環境行政にとっても魅力的な施設である。

2 苦情だらけの液肥散布がなぜ受け入れられるに至ったか
——試行錯誤に学ぶ社会経済的な仕組みづくり

●施設の建設だけでは循環しない

一〇年ほど前、築上町と同様の施設は全国に一五カ所ほどあった。しかしこのなかには、「肥料」として製造したはずのし尿液肥が、農地ではなく、山林や空き地にまかれている自治体もあった。し尿液肥が農家に受け入れてもらえなかったのだ(2)。

当時、各地のプラントを見てまわったが、うまく循環利用されているところは少なかった。プラントでし尿を液肥に変換できるものの、変換された肥料の利用がうまくいかず、頭を抱えている自治体が多くあった。

このプラントはメタン発酵同様、シンプルな構造のため、建設費用や運転費用も従来のし尿処理と比較して半額ていどであり、汚泥なども出ない優れた技術である。

しかしながら、どんなに優れた技術や施設であっても、それを受け入れる地域づくり、社会づくりがなければ、技術は生かされないのだということを、各地の取り組みから学ばせてもらった。

●住民の誤解・苦情で農家の利用もすすまず、海洋投棄

築上町においても最初からし尿液肥が地域に受け入れられたわけではなかった。

築上町では、すでに福岡県内で同様の施設を導入していた旧星野村(現在は八女市に合併)からし尿液肥を提供してもらい、栽培試験をおこなった。

地元農家や農業改良普及センターと協力し、水稲を中心に試験が繰り返され、し尿液肥の施肥基準と散布方法が定められた。施設が完成してからは、麦やレタス、タカナなどさまざまな作物への応用や、臭気対策、生育ムラ対策などのための栽培試験が継続されてきた。いままでは、さまざまな農産物の液肥利用の栽培技術は確立している。

施設の建設と同時に、液肥利用者の組織化がすすめられた。し尿液肥の利用を希望する農家と役場で構成される「椎田町有機液肥固形堆肥利用者協議会(以下、本章では「利用者協議会」という)が設置された。利用者協

議会には営農組合の代表者が参加し、各地区のし尿液肥の利用申し込みを集約して散布計画を立てる機能をもたせた。

にもかかわらず、うまくいかなかった。液肥で栽培できないという技術的なことではなく、問題は社会的なことであった。

し尿液肥の散布には、地域住民からの苦情がつづいていた。役場には、し尿液肥を散布している現場を見た住民から「臭い、不衛生だ」、「し尿を畑に撒くなど、時代遅れだ」などという苦情が多く寄せられた。

集めたし尿をそのまま田畑に撒いていると誤解している住民もいた。

「し尿液肥を撒いたところが臭い」、こんな苦情を受けて役場の職員が現場に向かうと、そこには家畜排せつ物が野積みされていた（し尿液肥を散布した場所ではなかった）、ということもあった。

「し尿＝汚物」というイメージが住民のなかにあり、それが根拠のない苦情となって、役場に届けられていた。

こうした住民の声におされて、農家のし尿液肥利用は消極的であった。し尿液肥を使っていることを周囲に隠していた農家もいた。

し尿液肥の需要は伸び悩み、肥料として田畑に施用できない分はやむを得ず町有林に散布していた。しかし、それも難しくなった。防風用の町有林に「松の育成」として散布していたが、防風林を管理する自治会から「雑草が伸びすぎるのでやめてほしい」と苦情があった。

二〇〇一年（平成十三年）には、し尿液肥の散布先が見つからず貯蔵タンクが満杯になってしまった。タンクを溢れさせるわけにはいかず、ついに約六〇〇tのし尿を海洋投棄処分することになった。

この経験から、旧椎田町では、し尿液肥の利用拡大を図るためにさまざまな社会経済的な試みに取り組みはじめた。

●液肥の値下げと肥料成分の充実化で利用促進

し尿液肥の利用拡大を図るために取り組んだのは、販売価格を大幅に下げることであった。それまで旧椎田町は、バキューム車一台（二・五t）のし尿液肥を二五〇〇円で販売していたが、それを一台当たり一〇〇〇円にまで値下げした。

水稲の場合、一〇a当たりの標準施用量は基肥で五t、追肥で二・五tであるため、肥料代は年間三〇〇〇円となる。

大木町と同様に、旧椎田町でも肥料自体の価格は無料に設定し、農家は散布手数料として費用を負担している。つまり、農家は一〇a当たりわずか三〇〇円で肥料代と散布の手間賃になる。

肥料代の高騰や高齢化、人手不足に悩む農家にとって、ここまでのコストダウンは大いに歓迎された。

行政にとって、液肥を販売して得られる収入は、小さい。バキューム車一台(二・五t)二五〇円で販売しても九〇〇〇tでは九〇万円の売上げである。これを一〇〇円に値下げしても売上げは三六万円である。

値段を高くして収入をわずかに増やすよりも、売れ残って海洋投棄(トン当たり四万円ほどの処理費用)で処理するほうが、行政にとっては多くの費用を使ってしまうことになる。また安い値段で有機性肥料を販売することは、地元の有機農業振興にもつながる。

農業の視点でみれば、とても安い肥料だが、環境行政の視点でみれば、(ごみ処理では高額の費用負担になる最終処分地の費用が)ゼロどころか、肥料代として収入になっている。液肥の価格を考えるとき、農業の視点と環境行政の複数の視点が必要になる。

次に、し尿液肥に不足する成分を補う工夫もなされた。築上町のし尿液肥は窒素を主体としており、リン酸が不足している。このため、し尿液肥を利用する農家は、リン酸肥料を別途購入し、散布する必要があった。

利用者協議会からは、し尿液肥にリン酸を添加してほしいとの要望があがっていた。そこでし尿液肥にリン酸肥料を添加することが検討されたが、市販の化成リン酸肥料を使用すると、し尿液肥の価格が大幅に上がってしまう。

そこで、当時、農業改良普及センターの職員であった安永秀樹氏は、インターネット検索で興味深い情報を得る。防災機器メーカーの(株)モリタホールディングスが、期限切れの消火薬剤をリン酸肥料として再生利用していた。さっそく旧椎田町は、二〇〇四年からこの会社と共同研究を開始した。

現在では、消火薬剤を原料とするリン酸肥料をし尿液肥に添加して散布している。「し尿液肥が完全肥料になった」と農家から大変喜ばれている。

●循環授業で、町に誇りをもった子どもたち

価格の改定と肥料成分の充実によって、し尿液肥は農家にとって利用しやすいものになった。しかしそれだけ

廃消火器から消火薬剤を取り出す

消火薬剤を加工してリン酸肥料としてし尿液肥に溶かし込んで利用

では、し尿液肥の利用拡大にはつながらなかった。

ある日、築上町の液肥担当であった田村啓二さんから筆者（中村）に相談の電話があった。

「し尿液肥への住民の苦情が多いので、大変苦慮している。苦情のほとんどは、し尿液肥への理解不足からくる感情的なものなのだが、このままでは事業の継続が難しい」

そこで行政としてはどのような対策を検討しているのか、と尋ねたところ、「液肥の成分を詳細に分析して、安全であることを証明し、それを住民に伝えたい」ということであった。

そこで、次のような提案をした。

「行政が調べたデータを信じる住民は少ないでしょう。わざわざ分析しないといけないほどのものであったのか、と逆に不信感を募らせるかもしれません。分析の予算があるなら、それで子どもたちに授業をしましょう。子どもたちを通して町中に循環事業の意義を伝えましょう」

さっそく町は学校と交渉し、循環授業を実施することになった。五年生の社会科の日本農業の時間や総合的学習の時間などを使って、授業をおこなった。

循環の意義を子どもたちに伝える部分は、筆者が受け持った。その後、田村さんが町の循環事業の取り組みを紹介した。また、液肥で栽培した米を学校給食で使ってもらい、その米を栽培した農家と子どもたちによる交流給食もおこなった。

循環授業後の給食交流会で、農家と小学生

筆者は、「循環の意義」、「液肥米のおいしさ」、「循環型社会の意味」について小学校五年生に四五分で説明した。

「循環の意義」については、「なぜ山の上で木が育つのか」という質問を通して説明した（コラム参照）。

「液肥米のおいしさ」では、液肥にはさまざまなミネラル分が含まれているので、化学肥料だけで育てられた米よりも元気でおいしい、ということを説明した。

「循環型社会の意味」については、築上町の取り組みのすばらしさを伝えた。

「他の町は肥料を外国から輸入して、し尿はお金と石油を使って処理している。肥料が輸入できなくなれば米はつくれない。しかし、築上町は、みなさんが地元の米を食べて、うんこをして、それを肥料にして、おいしい米ができるので、また食べることができる。これを循環型社会といいます。築上町は日本のなかだけでなく、世界のなかでもすぐれた循環型社会のトップランナーです」

子どもたちの目がきらりと光った。

その後、循環授業を実施して子どもの認識がどのくらい変わったのかをアンケートで調べてみた。

◉コラム

山の上で、なぜ木が育つのか

循環授業で伝えたことは「循環の基本原理」である。地球上の生物が三〇億年ちかくも生きつづけることができた原理である。この原理を学んでもらうために、こんな質問で循環授業をはじめる。

「山の上には木があります。野菜を育てた経験がある人はわかりますが、植物は生長するのに肥料が必要です。三大肥料として窒素、リン酸、カリウムがあります。窒素は空気中にもあります。そこで、水に溶けやすく、植物には不可欠なリン酸について考えます。

リン酸は雨が降るたびに溶けては、雨と一緒に流れていきます。実際、地上の肥料分は雨のたびに川から海へと流れていって、海の底に肥料分がたまっています。

肥料分が流れ落ちるだけなら、山の上からはげ山になっているはずなのに、いまだに山の上には木があるだけでなく、毎年成長しています。どうしてでしょう？　誰が肥料を運んでくるのかな？」

五分ほど考えてもらうと、いろんな答えが出てくる。

答1　落ち葉が腐って、その肥料分が根に吸収されるから

落ち葉のなかにも肥料分が入っているので半分正解。しかし、山の上から雨に流されて海の底に沈んだリン酸が、どうやったら山に戻るかという答えにはなっていません。

答2　光合成でリン酸がつくられる

太陽の光をエネルギーにして、水と二酸化炭素で炭水化物をつくるのが光合成。だからリン酸はできません。

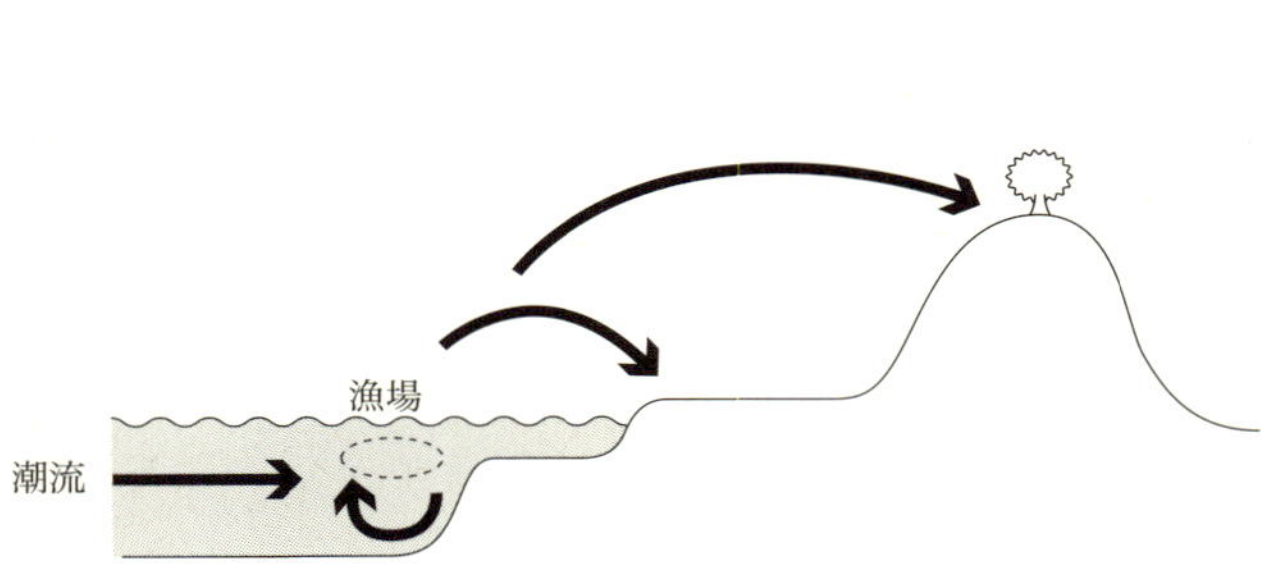

地球上での循環の基本原理

答3　リン酸が雨のなかに入っている

リン酸は重たいので気化しません。雨のなかには入っていません。

答4　動物の死体のなかにリン酸が入っている

山の上でどんな生き物が死んでいま

すか？　どんな動物が死んでいるか具体的に答えてください。イノシシ？タヌキ？

山の上で死んでますか？

答5　山の上の木の根がのびて山のふもとまで届いて、山の上まで肥料を吸い上げている。でも、やっぱりこの答えは無理です！

子どもたちとのやりとりはけっこう面白い。

雨に流されたリン酸などの肥料分は川を経て、やがて海にいく。そして、海底深く沈んでいく。もし、沈んでいくだけなら山の上だけでなく、地上からは肥料分がなくなって、地上の植物は全滅し、植物がなければ、動物も生きてはいない。

ところが、地上では植物も動物も生きてきた。

まず、地球が自転しているおかげで、海には潮流が発生する。潮流と潮流がぶつかりあったり、潮流が大陸とぶつかりあったところでは、潮が海底までもぐり込んで、海底にたまった肥料分をまきあげてくれる。台風で海が荒れても、海底の肥料分がまきあげられる。

肥料分がまきあがったところでは、植物プランクトンが大発生し、それを食べる動物プランクトンが、そして小魚が大発生、と次々と食物連鎖がはじまる。ここが漁場である。

小魚は鳥に食べられ、鳥は山でふんをする。あるいは、海で大きく育った鮭が川を上っていく。

鳥がうんこをする。あるいは、多くの生き物が食べたり食べられたりする関係のなかで、下から上へモノが運ばれていく。そのことで、結果的に山の上の木が成長し、山の上の木だけでなく多くの生き物が生きていくことができる。

これが、地球上での循環の基本原理であり、持続的な生物社会の基本原理でもある。

ちなみに、魚のなかに含まれているリンは、それを食べた鳥のふんとして出てくる。何万年も鳥たちがふんをしつづけたものがやがて化石になり、リン酸肥料の原料として採掘されているのがグアノである。

Q１「築上町では、みんなのうんちやおしっこが肥料になって、作物をつくるための重要な役割をしていることを知っていますか」では、五年生のときに授業を受けた六年生と、まだ受けていない五年生の認識の差がはっきり出た（「Q１の回答」）。

Q２「みんなのうんちやおしっこを肥料にしてできたお米をどう思いますか（複数回答）」では、「おいしい、環境によい、安全である」という肯定的な認識が六年生

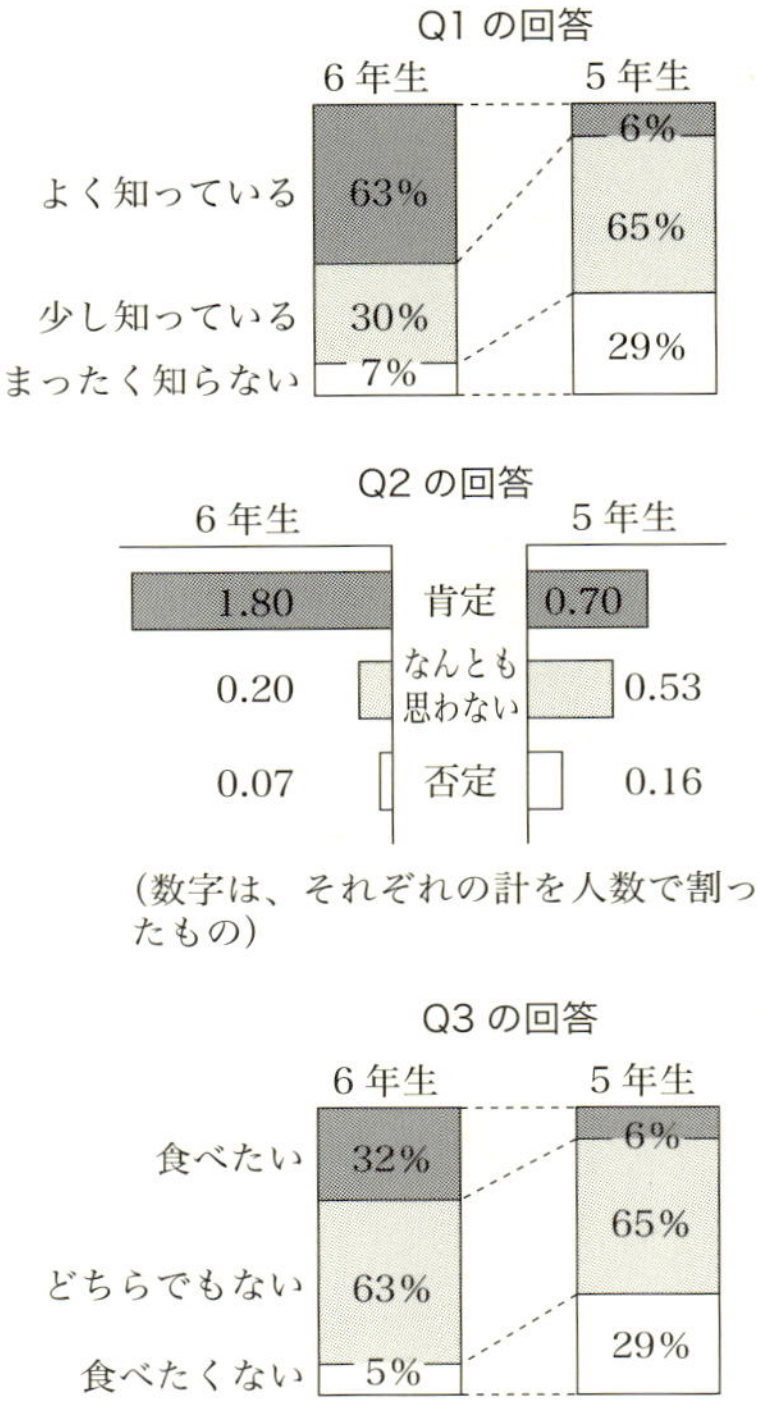

(数字は、それぞれの計を人数で割ったもの)

循環授業の影響調査

椎田小学校アンケート	6 年生	5 年生
Q1　知っているか		
よく知っている	35	3
少し知っている	17	32
まったく知らない	4	14

Q2　イメージ		
おいしい	36	3
環境にいい	41	19
安全	24	12
肯定的なイメージ　計	101	34
なんとも思わない	11	26
おいしくない	1	1
環境に悪い	2	2
危険	1	5
否定的なイメージ　計	4	8

Q3　給食		
食べたい	18	3
どちらでも	35	32
食べたくない	3	14

図 2-2　循環授業の影響についてのアンケート調査結果

注：2003 年 7 月に実施。椎田小学校 5 年生（49 人）、6 年生（56 人）を対象。Q2 は複数回答。

で大きかった。五年生は「なんとも思わない」という認識である。それぞれの数を人数で割ったのが「Q2の回答」だが、循環授業を受けた六年生が肯定的な認識をするようになったのがわかる。

Q3「みんなのうんちやおしっこを肥料にしたお米を給食で食べたいですか」では、六年生は「食べたい」という傾向があり、逆に五年生は「食べたくない」という傾向であった（「Q3の回答」）。

まさに、循環授業によって、子どもたちの認識が深まり、循環事業への理解が広がっている。

●子どもたちに教えられ、親たちからの苦情が激減
——循環授業・循環シンポジウムの波及効果

町の仕掛けで、シンポジウムを開催することになった。

循環授業を受けた子どもたちが、循環授業で学んだことを町が主催するシンポジウムで発表する。町のホールで子どもたちが発表するため、保護者や町民が多く聞きに来る。子どもたちは循環授業で学んだ資源循環の仕組みや、し尿液肥を使った循環農業のすばらしさを、劇や紙芝居などで発表した。

「液肥は宝の肥料です」「築上町は循環型社会のトップランナーです」

子どもたちは保護者や町民の前で堂々と発表した。

この循環授業と循環シンポジウムをはじめてから、し尿液肥化事業や液肥散布について

循環シンポジウムの寸劇で「中村先生」役で循環の意味を説明

親たちが子どもたちに教えられた「循環シンポジウム」

の苦情の電話は大幅に減少した。

町の委託で液肥を散布している職員も、その変化を感じている。

それまでは、液肥を散布していると、さも汚いものを見るような感じで、鼻をつまんで通り過ぎていた小学生が、いまでは「おじさん、がんばって」と声をかけていくようになった。

こうした効果を築上町の新川久三町長に伝えたところ、町長はその意義を理解し、循環授業や循環シンポジウムを循環のまちづくりの啓発事業として位置づけ、予算化した。その結果、循環授業と循環シンポジウムは、いまでも継続し、町民に循環事業の重要性を伝えつづけている。

●学校給食に液肥使用の「シャンシャン米・環」

し尿液肥を使用し、「福岡県減農薬・減化学肥料栽培認証制度」による基準をクリアした米を「シャンシャン米・環《たまき》」という名称で販売している。販売先は主に町内の学校給食と、町外企業の社員食堂等である。学校給食への導入は、給食調理員や生産者が参加する給食試食会を経て、二〇〇三年九月から開始された。

利用者協議会のなかに学校給食部会を設け、ここに参加する農家が「環」を栽培している。前出（二九ページ）の利用者協議会会長の田中祐輔さんが精米・米穀販売をおこなっていたことから、自前で精米し、学校や取引企業に直接販売している。中間マージンが発生しないことで農家の手取りは通常よりもよく、消費者と直接取引できることが栽培農家にとって大きな励みとなっている。

新米の時期には、生産農家とJA、普及センターの職員、町長、教育長が学校を訪れて子どもたちとともに給食で「環」を食べる「給食交流」がおこなわれる。

3 循環型農業の新たな展開

循環授業や、循環シンポジウム、学校給食などにより、し尿液肥化事業はいまでは町の誇りになっている。また、し尿液肥の需要拡大のために、さまざまな試みもおこなっている。

し尿液肥を使用したナタネ栽培と多収量米「ミズホチカラ」の栽培だ。

築上町の湊営農組合では、転作田でのし尿液肥を使ったナタネ栽培に力を入れている。湊営農組合は、転作が求められ、より収益性の高い作物としてナタネ栽培と菜種油の製造をおこなっている。築上町の菜種油は贈答用としても人気が高い。

春、菜の花が広がる湊地区では「菜の花まつり」が開催され、満開の菜の花に多くの人びとが集まる。これ

◉コラム

リービッヒの循環論

二〇〇年も前に、循環の重要性を論じたのが、ドイツの化学者リービッヒ（一八〇三～一八七三）である。彼は、日本や中国では人間のし尿を肥料として循環利用していることを知っていた。

当時のイギリスは食糧を外国から輸入するだけでなく、グアノ肥料も外国から輸入していた。その一方で、地下水汚染や環境汚染を防ぐためにつくられた下水道を通して、当時のロンドンでは大量のし尿が海に流されていた。

リービッヒは、ロンドンの下水道を物質循環の破壊者として批判した。

ロンドン市民（二〇〇万人）の排出するし尿、生ごみと交通手段としての馬（七万～八万頭）、乳牛（一万五〇〇〇頭）からのふん尿が下水道に流されることで毎日、窒素七五t、カリ一八t、リン酸一五tが流出している。これだけでも、二六五〇tの堆肥と六五二tのグアノに匹敵する。もし、これらを下水道に流さずに、中国や日本のように農地に還元すれば三五〇万人分もの食糧が増産できる。

収穫によって奪われた肥料分を農地に戻すことで、翌年もまた同じ収穫が期待できる。これが持続的な農業生産の原則である。

ところが、イギリスでは収穫によって失われた肥料分は、輸入肥料によって補われていた。その一方で、廃棄物としてのし尿を下水道で海に流すことで汚染を防いでいた。

これを「合理的な農業」と考えてきたのだが、それは自然の生産力を奪う「略奪農業」であることにリービッヒは気づき、ロンドンの下水道を批判した。

そして、中国や日本でおこなわれていたし尿を肥料として利用する方法こそが合理的な農業であると指摘した。

二〇〇年も前にリービッヒは循環の基本的な考え方を示していた。

（参考文献：中村修『なぜ経済学は自然を無限ととらえたか』日本経済評論社、一九九五年、六五―六六ページ）

液肥米を餌にして育てた卵

も、し尿液肥の循環事業の一つである。

もう一つの展開が、多収量米「ミズホチカラ」の栽培である。飼料向けに栽培され、町内の養鶏農家で利用されている。養鶏農家では、それまで使用していた輸入トウモロコシを原料とする飼料から全面的に切り替え、「米卵《こめたまご》」という商品名で、卵一個三〇～五〇円で販売している。

液肥で栽培したナタネの油

二〇〇七年には試験的に一〇〇〇羽を対象に給餌されたが、米卵が市場で高い評価を得られたため、二〇〇八年から五〇〇〇羽まで拡大した。

米を飼料として育てた鶏は、肉質が柔らかく砂肝が大きくなる。卵は黄身が薄い黄色になり、味は淡白になる。この養鶏農家が開いている直売所「城井ふる里村」では、米卵を使った「卵かけごはん」が人気メニューとなった。新たな資源循環と地域産品が生まれたかたちである。

こうした事業展開の結果、し尿液肥は不足するようになった。

そこで築上町では、大木町にならい、家庭の生ごみを分別収集してし尿とともに液肥化することを検討している。

【注と参考文献】

（1）主成分は繊維分解酵素であり、その他脂肪、タンパク質分解酵素を含む。

（2）筆者らが実施した調査によれば、築上町の液肥化施設と同様の施設を有する一五自治体のうち、製造された有機液肥が肥料目的で散布され余剰は発生していないと回答したのは、築上町を含む六自治体であった（中村・遠藤・力武、二〇〇八）。

中村修・遠藤はる奈・力武真理子（二〇〇八）「有機液肥製造システムの運用に関する調査」『総合環境研究』第一一巻第一号、二七―三四ページ。

第3章

循環利用をすすめるための「社会変換」

1 肥料の価値を高め循環の仕組みをつくる「社会変換」

●再生ビジネスの失敗はなぜ

ごみを資源として新たな商品をつくる、という再生ビジネスが流行した時期があった。一部はうまくいったが、その多くは失敗している。

例えば、筆者（中村）が少しだけ関わったガラスリサイクルもその一例である。

ビンなどの廃ガラスを溶かして、そこに発泡剤を入れ軽石のような商品をつくるという数億円の大型施設を導入した会社があった。しかし、その商品が売れない。売り先がない。売り先がないので、会社の倉庫は軽石でいっぱいになり、結局、廃ガラスの処理ができなくなった。

どうやったら売れるだろうか、というのが相談内容であったので、「そもそも、大型施設導入のときに市場調査はしたのか？」と尋ねたところ、「コンサルタントを雇って調査した」という返事である。しかし、そのコンサルタントとは、大型施設を販売する会社が無償で提供してくれたものであった。施設には数億円も支払うのに、その運用方法や、市場調査にはほとんどお金を使っていなかった。

数年後、そのガラスリサイクル事業は中止となり、不況と重なって、会社は倒産してしまった。

「タダほど高いものはない」というが、無料のコンサルタントによる市場調査事業は、結局、数億円の損失につながってしまった。

●商品として売れてこそ実現できる循環
――ごみと商品

資源循環の現場で多くみられるのが、ごみと商品についての認識不足である。

表3－1　自然科学の技術で生ごみはいろいろなものに変換できる

変換技術		製品（用途）
生物的変換	好気性発酵	堆肥 液肥
	メタン発酵	液肥 バイオガス（電力・温水）
	エタノール発酵	エタノール
化学的変換	炭化	炭（燃料、土壌改良材）
	エステル化	バイオディーゼル燃料
物理的変換	圧縮・高密度化	RDF（ごみ固形燃料）（燃料）
その他	飼料化（破砕、乳酸発酵等）	飼料

例えば、大学生に「ごみと商品の違いは？」と聞くと、「きれいなものが商品で、汚いもの、使えないものがごみ」という答えが返ってくる。

正解は「お金を出しても買いたいもの」（需要があるもの）が商品。「買いたくないもの」（需要がないもの）がごみ。どんなに新品できれいでも、買う人がいないものは商品ではなく、ごみ。

例えば、科学技術を用いることで、生ごみを堆肥や液肥に変換することはできる。表3－1は、生ごみを自然科学的にさまざまなものに変換する技術の例である。ただし、生ごみを肥料に変換すれば、肥料がすぐに売れて、循環するわけではない。

ある自治体ではごみ焼却炉の横に生ごみの堆肥工場をつくり、家庭やレストランなどの生ごみを堆肥に変換していた。しかし、その堆肥を使ってくれる農家がいなくて、結局、売れ残った堆肥を焼却炉でごみと一緒に燃やしていた。

堆肥工場という施設を建設すれば、生ごみを堆肥に変換することはできる。しかし、生ごみから変換された堆肥が農家に売れなければ、循環ではない。

売れれば商品、売れなければごみ。これが経済社会の基本原理。

経済社会のなかでの循環とは、ごみから変換されたものが商品として売れ、流通によってまわっていくことである。

生ごみを肥料に変換したものを地域で循環させようと思うのであれば、生ごみ肥料を農家がほしくなるような商品に仕上げていく必要がある。

●肥料の価値を高めるための一一の取り組み

大木町や築上町では変換のための施設を建設しただけでなく、循環の取り組みとしてさまざまな活動をおこなっていた。こうした活動を、ごみと商品という経済の視点でもう一度見直してみる。

大木町では生ごみとし尿をメタン発酵させた消化液を液状の肥料（液肥）として地域で循環利用していた。消化液は化学成分的には肥料であるが、社会的にはまだ肥料ではない。そこで大木町では、消化液を魅力的な肥料にするためにさまざまな活動をおこなっていた。

築上町ではし尿を好気性発酵させるだけで、液肥として利用していた。これもまた、循環利用させるためには、さまざまな試みが必要であった。

①肥料登録

消化液の成分を分析し、肥料としての中身、肥料としての安全性を確認し、登録する。このことで消化液が社会的に肥料として認められる（図3-1）。

消化液のままではごみだが、肥料登録をすることで、商品としての第一歩になる。

築上町と同じプラントでし尿を液肥に変換していた自治体のなかには、肥料登録さえしていないところも多くあった。こうした自治体では、液肥は農家にはほとんど使われていなかった。

②液肥による実証栽培

ほとんどの農家は化学肥料や堆肥を使った経験はあるが、生ごみ液肥を使ったことはない。見たこともないものを買う人はいない。そこで、大木町では田んぼや畑に「液肥で栽培中」という看板を立てて実証栽培をおこなった。

これは、液肥という商品の展示会である。

③先進地見学

大木町では、液肥の先進地である福岡県築上町の取り組みに学んだ。大木町の農家が築上町を訪問し、液肥について実際に利用している築上町の農家に聞く。築上町の農家をゲストとして大木町に招いて話を聞くということを重ねた。

④施肥管理

肥料の購入者である農家に対して、「液肥は稲・麦・野菜にこんなふうに使います」という栽培暦を作成、配布する。ＪＡや普及センターと栽培暦をつくることで、液肥への信頼度が増す。

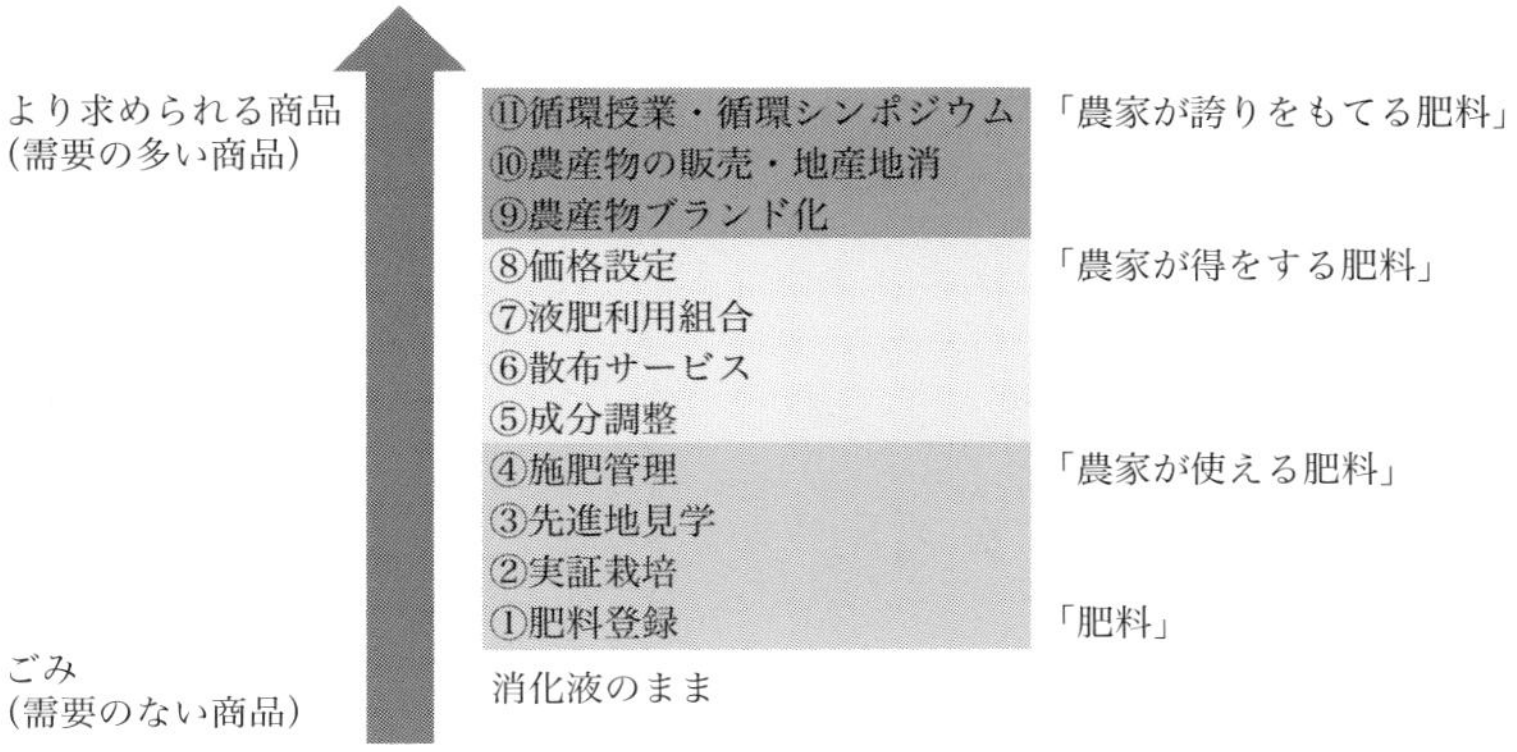

図３−１　消化液から、農家が誇りをもてる肥料への展開

⑤成分調整

大木町ではおこなっていないが、築上町では液肥に不足するリンを添加することで、農家にとっての液肥の商品価値をあげている。

なお、ここでいう成分調整とは不足するリン酸を加えるだけというかなり簡易なものである。

⑥散布サービス

大木町でも築上町でも農家が申し込めば、液肥の散布をしてくれる。

農作業の機械化がすすんでいるが、肥料散布、農薬散布はいまだに人手でおこなわれている。そのため、液肥の散布サービスは農家に喜ばれている。

⑦液肥利用組合

液肥を利用する農家の組織。農家の組織として液肥を利用してもらうことで、液肥利用の安定化につながる。また、利用組合を通して、農家同士の情報交換がすすむため、よりよい液肥の利用方法、栽培方法などが、多くの農家に共有化され、そのことでさらに液肥利用がすすむ。

⑧価格設定

多くの液肥利用の地域では、化学肥料と比較してはるかに安い価格を設定している。大木町も築上町も散布費用込みの肥料代としては格安である。

⑨農産物のブランド化

大木町では液肥栽培の米は、福岡県の基準による特別栽培米として位置づけられている。「環のめぐみ」として販売されている。

築上町でも「シャンシャン米・環」としてブランド化されている。

⑩農産物の販売——地産地消

液肥で栽培された米は、学校給食用の米として利用されている。

また、直売所でも販売されている。

⑪循環授業、循環シンポジウム

大木町では小学校の授業で、くるるんの見学、循環の意義を伝える授業がおこなわれている。また、外部の講師を招いてのシンポジウムを積極的に開催し、町内での循環の意識づくりをおこなっている。

築上町では循環授業、循環シンポジウムが毎年、町の啓発事業として展開されている。

さて、大木町や築上町の循環の取り組みを再度紹介したのだが、こうした取り組みによって、ごみであった消化液が「肥料」になり、さらに「農家が使える肥料」、「農家が得をする肥料」、「農家が誇りをもてる肥料」と、その価値を高めていることがわかる。

安くて、散布までしてくれて、さらにブランドとして販売できるだけでなく、小学生や市民から「すごいね」とほめてもらえる。そんな商品だからこそ、液肥はひっぱりだこになり、売り切れる状況になっている。

そして、この肥料は米や野菜になり、直売所で販売され、学校給食で利用され、ふたたび生ごみやし尿として戻ってきた。

こうした循環のための試みを、本書では自然科学的な変換と対になるものとして社会経済的変換、略して「社会変換」と呼んでいる。

社会変換によって、ただの消化液が「農家が誇りをもてる肥料」へと変わり、地域のなかで循環していった。

●循環の取り組みに誇りをもつ市民の育成

社会変換は変換品の経済的な価値を高めるだけではない。もう一つ大事なのが、「循環の取り組みに誇りをもつ市民の育成」である。

循環授業を受け、学校給食でその食材を食べ、農家と交流する小学生。

「うんこは宝」

大木町の小学生の循環授業　くるるんでの授業

小学生のくるるんの見学

「築上町は、循環型社会のトップランナーです」町のホールで自信たっぷりに報告する小学生は、まさに「循環の取り組みに誇りをもつ市民」であった。そして、小学生から保護者、地域へと循環の意義は発信されていった。

しかも、築上町でも大木町でも社会変換活動はボランティアではなく、行政の事業として位置づけて展開されていた。

こうした行政の価値観を体現するものとして、いくつかの事業もおこなわれている。

①生ごみ無料、燃やすごみは有料

大木町では、生ごみ資源化に取り組む際に、ごみ袋の値上げをおこなった。同時に、生ごみは無料で回収することにした。また、燃やすごみの回収は週二回から週一回へ減らす一方で、生ごみは週二回の回収である。

②優れた分別をおこなう地区への報奨制度

また大木町では、地区ごとに生ごみを回収しているが、分別状況については、回収する職員が目視でチェックする。そのチェックにもとづいて、地区ごとに評価され、優れた分別をおこなっている地区には、町の温泉施設の入浴券が配布される。

●何より重要な、「社会変換」の業務としての位置づけ

社会変換には大きく二つある。

一つは、自然科学的に変換された変換品の経済的価値を高める事業である。

もう一つは、循環の取り組みに誇りをもつ市民の育成事業。この二つである。

社会変換業務によって、変換品が、優れた商品として地域のなかで認められ、活用されていく。生ごみをきちんと分別すれば、肥料として地元の農家が使ってくれて、その米を子どもたちが学校給食で食べる、という地域全体での循環を理解し、それゆえ生ごみの分別をきちんとする市民を育成する。

従来、こうした取り組みはなんとなく理解されていた。

しかし、これをきちんと行政の事業として位置づけ、毎年繰り返し展開することで循環のまちづくりにつながっていく、と考えているところは少なかった。

実は、どこの自治体も施設の建設にはお金を出す。施設の運転にもお金と人を出す。そして、自然科学的な変換はおこなっていた。その一方で、社会変換に関しては、ほとんどの自治体はお金も人も出そうとはしなかった。その結果、築上町とおなじ仕組みの施設を建設しても循環にはならなかった。堆肥施設やメタン発酵施設をつくっても、うまく循環していなかった。

行政は、施設には数億円、数十億円という費用を出す。その施設の運転にも毎年、数億円の費用を出す。しかしながら、直接、施設の運転には関わらない社会変換に関わる数人の職員の配置や、事業費については出そうとはしなかった。その結果、やがて、施設は廃止されていった。

冒頭で紹介した、ガラスリサイクルに取り組んで倒産した企業と同じであった。

●「社会変換」概念がなぜ現場に必要か
――「雑務」から「必要な業務」への転換を

さて、「社会変換」という言葉をわざわざ生み出さねばならなかった理由はいくつかある。

一番は、循環の現場で働く行政職員のために、必要な概念であった。

大木町や築上町の循環の取り組みを紹介したが、循環事業は総合的なまちづくりでもあるため、現場の行政職員は環境という枠にとどまらず、農業や教育分野にわたるさまざまな取り組みをおこなっていた。それゆえ、各地の循環の現場では、「環境課の職員がなぜ農業や教育に口を出すのか」という批判があった。環境課内でも、「なぜ、そんなことまでしなければならないのか」という声が出ていた。

さまざまな業務は循環のためには不可欠なものであった。しかし、名前がついていない業務、あるいは、位置づけが明確ではない業務は「雑務」でしかなかった。「雑務」とはやってもやらなくてもいい、という低い位置づけの業務である。

そこで、循環に関わる行政職員が胸を張って堂々と取り組むための概念として「社会変換」業務という名称が必要であった。

「社会変換」という概念と業務の中身が提示されることで、循環に取り組む行政職員は誇りをもって取り組むことができる。これが、「社会変換」という言葉を生み出すための一番の動機であった。

次に、現場がよくみえていない研究者のためにも「社会変換」という言葉は必要であった。

プラントを建設して集められた生ごみが肥料に変換され、肥料の一部しか農地で利用されていなくても循環とみなす研究者がいた。

どれだけ現場の職員や市民や農家が試行錯誤を積み重ねたのか。そして、実際はうまくいっていないことがたくさんある。そんなことは、ふらりと訪れた研究者にはみえないことであった。

そうした研究者が他の市長や町長に循環の取り組みをあおることで、命令を受けた行政職員は大変な迷惑を被っていた。循環の概念だけ語る研究者は、概念だけで具体的な手法を語ることはなかった。そんな研究者や国が循環型社会を唱えても、循環の取り組みが各地で実践されることはなかった。

自治体の循環事業のエンジンは、行政職員である。彼らが納得し、理解し、誇りをもって取り組まなければ、地域での循環は動かない。

自分たちのまちのために胸を張って取り組んでもらう事業として循環事業があり、循環事業を支える重要な業務として「社会変換」業務があることを、行政職員と首長(市長や町長)に理解してもらう必要があった。

そのために、「社会変換」という言葉をひねり出した。ただし、一〇年もかかってしまった。

2 生ごみ・し尿を「液肥」にすることの意義

資源循環の基本原理や「社会変換」の意味がわかっても、実際の現場では再生品をうまく活用するための市場の発見が重要になる。

生ごみやし尿、汚泥など有機性廃棄物の再生品の市場として筆者(中村)が注目したのが、「液肥+水田」である。

●液肥とは何か

本書では、液状の肥料ということで液肥と呼んでいるが、液肥にもさまざまな特性や成分がある。化学肥料を液状に溶かしたもの、築上町のような好気性発酵の液肥、大木町のメタン発酵の消化液などである。また、本書で対象とする液肥の原料としては、生ごみ、し尿、汚泥、畜産ふん尿などがある。

化学肥料と堆肥を比較すると、化学肥料は速効性があるが、堆肥は肥効が緩やかで、肥料分の補給というより、腐植質を土壌に供給して地力を高める目的で用いられる。

液肥は堆肥よりも速効性がある。メタン消化液の液肥の場合、アンモニア態窒素が吸収されるため、散布直後に肥効があらわれ、土壌中では一〇〇日ていどの肥効がある(田中、二〇〇四)。

こうした液肥の特性をみると、地力を高めるという意

表3-2　各地のメタン発酵消化液の肥料成分

		おおき循環センターくるるん	山鹿市バイオマスセンター	日田市バイオマス資源化センター	(築上町有機液肥製造施設)※
全窒素	(g／ℓ)	2.7	2.1	4.1	1.2
アンモニア態窒素	(g／ℓ)	1.6	1.5	2	0.9
硝酸態窒素	(g／ℓ)	0.057	0.044	0.093	0.028
リン	(g／ℓ)	0.91	0.20	2.20	0.40
カリウム	(g／ℓ)	0.47	2.4	1.8	0.33
水分	(%)	98.4	99.2	97.8	99.4
pH			8.4	8.6	
全炭素	(g／ℓ)		6	8	1.15
投入原料		生ごみ、し尿、浄化槽汚泥	生ごみ、家畜排せつ物、焼酎廃液	生ごみ、家畜排せつ物、焼酎廃液、集落排水汚泥	し尿、浄化槽汚泥

出所：岩下・岩田（2010）より作成
注：※本施設のみ好気性発酵。

味では、堆肥より劣るが化学肥料よりは優れている。また、肥効という意味では、堆肥の緩効性と化学肥料の速効性（化学肥料も緩効性のものもあるが）の間に位置するものとして考えることができる。

そこで、福岡県大木町や後述する熊本県山鹿市などでは、液肥を化学肥料に替わる肥料として位置づけている。

表は、国内のメタン発酵施設で得られる消化液中の肥料成分。液肥中の窒素濃度は、全窒素で一ℓ当たり二～四g。全窒素に占めるアンモニア態窒素の割合は五〇～八〇%ていどであり、残りの窒素成分の多くは有機態窒素として存在している（岩下・岩田、二〇一〇）。

メタン消化液を液肥として利用している地域では、窒素成分をベースに施肥基準を定めている。大木町や山鹿市では、液肥を散布する地区に適用されている化学肥料の施肥基準の窒素量をもとに、液肥中の窒素量と液肥の肥効率を計算して一〇a当たりに必要な液肥の散布量を算出している。

●液肥であることが、なぜ重要か

大木町や築上町の取り組みの大きな特色は液肥であ

る。

農業の現場やごみ処理の現場への理解が不足していると、頭だけで考えて、液肥ではなくて堆肥でもいいじゃないか、と考える人が多い。

そこで、堆肥と比較した液肥の意義を三点紹介する。

①堆肥のように散布の手間がかからず、ごく簡単
——液肥の操作性

堆肥と液肥の散布方法について比較する。

散布車による散布

バキューム車から散布車に液肥を供給

ホース引き込みによる直接散布

堆肥を広い圃場に散布する場合には、マニュアスプレッダが用いられる。マニュアスプレッダを使用しない場合は、農家が手作業で散布することになる。堆肥の散布作業は非常に重労働である。畑作や果樹など収益性の高い農産物であれば、堆肥を手間をかけて散布する経済的意義はあるが、水田のように広くて、なおかつ収益性が低い場合は、散布の手間がかかりすぎて、農家は堆肥を使いたくても（経済的に）使えない。

水田という広い農地がありながら、散布の手間という

条件によって、有機性の肥料である堆肥が使われず、化学肥料が使われている。

一方、液肥の散布方法は楽だ。多少、人の手が必要といっても、パイプをつなぐだけでタンクからバキュームカーに液肥を移動させることができる。バキュームカーから散布車に液肥を移し替えるときも、パイプをつなぐだけ。

農地に液肥を散布するときは、クローラー式の専用散布車で散布する。

築上町では、散布車と液肥を運搬供給するバキューム車の合理的な連携方法が完成しており、効率よく散布作業をすすめている。

流し肥は、水田の追肥でおこなう。液肥を水口から水田に流し込む。散布ムラを防ぐため、灌漑水の流入量の調整が必要だ。また、肥料成分の流亡を防ぐため散布後一週間ほどは水管理の必要があるが、これは化学肥料と同じである。

水田にそのまま流し込む

ホース（手前中央）から入る流し肥の泡立ち

液肥の散布は堆肥や化学肥料に比べて一般的ではないが、すでに手法が確立されている。数回見学するだけで学べる手法である。

なお、日本で一番高価なものは、人件費である。農家が個別に肥料を散布する費用は意外に大きい。液肥で合理的に散布する、水田にそのまま流し込むことで、大幅な人件費の削減につながる。

②「水田」という、現在の化学肥料を液肥に代え得る巨大市場がある

どんなに優れた商品であっても、販売先の市場が小さければ売れる量は期待できない。

実は、農業の現場では堆肥が必要な農家はすでに堆肥を使っている。そこに生ごみやし尿で堆肥をつくったからと持ち込んでも使ってもらえる余地は少ない。残念ながら、(生ごみやし尿で)新たにつくる堆肥の市場は小さい。

手間をかければ、生ごみやし尿で、優れた堆肥をつくることができる。しかし、手間をかけた肥料は高くつく。高い肥料を買ってくれる農家はますます少ない。

現在、堆肥の多くは単価の高い野菜や果樹などに使われるが、単価の安い稲や麦などにはほとんど使われない。米や麦の販売価格があまりにも安いために、農家は手間とお金をかけてまで堆肥を使わない。

一方、堆肥が必要な果樹や野菜などではすでに使っている。

つまり、堆肥の市場は需給バランスがとれている。そこに、生ごみやし尿で大量に堆肥をつくったからといっても、堆肥は売れずにごみになる可能性が大きい。実際、各地で堆肥が余っているし、堆肥工場は赤字経営である。

これでは大量の生ごみやし尿の循環利用にはつながらない。

大量の生ごみやし尿で肥料をつくって使ってもらうには、従来の堆肥の市場とは異なる市場に売り込む必要があった。それが、水田である。

水田に化学肥料よりはるかに安い価格で液肥を提供し、さらに散布サービスまですれば、大木町や築上町のように、多くの農家は喜んで受け入れる。

水田は日本の都市の周りにも多くある。生ごみ、し尿を液肥化すれば、稲作(基肥、追肥)、麦作(基肥)で多くの液肥を使ってもらうことができる。

しかもこうした液肥の使い方であれば、従来の堆肥の市場とは競合しない。

大木町の場合、水田に基肥として五t、追肥で二・五t散布している。一万四五〇〇人の住民の生ごみとし尿、汚泥の液肥六〇〇〇tは、八〇haの水田があれば処理できる。

これでおおまかに計算してみよう。

・二〇一〇年度の水田作付面積は、一六二万五〇〇〇ha
・日本の人口は一億二七七〇万人

八〇haの水田で大木町一万四五〇〇人分の生ごみとし尿、汚泥および事業系の生ごみ液肥を再利用できるとすれば、すべての日本の水田で液肥を使えば、およそ三億人分の生ごみ、し尿、汚泥を液肥として使えることになる。一般家庭の生ごみ、し尿だけでは足りないので、事業系の生ごみも水田で再利用可能、ということだ。

これだけの液肥の受け入れ能力を水田はもっている。しかも、現状は、ほとんどの水田では堆肥ではなく、化学肥料が使われている。こうした状況に化学肥料よりも安く、散布までしてくれる液肥を提案すれば、多くの農家は喜んで液肥を使ってくれる。

水田という巨大な再生市場の発見である。

③堆肥とちがって、液肥には臭気対策が不要

堆肥ではなく液肥にするメリットの三点目は、臭気対策である。

大木町のくるるんは、行ってみるとわかるが、まったく臭いがない。

臭いがないからこそ、隣にレストランや直売所を建設することができるし、見学・学習施設をおくことができる。

くるるんが臭いがないのは、メタン発酵という方法を選択したことが最大の原因である。

タンクという閉じられた空間で発酵させるメタン発酵では、臭いは出ない。一方、堆肥化では臭気対策のコストは大きくなる。臭気対策として優れているという理由でメタン発酵（消化液の液肥利用）がある。なお堆肥施設でも臭気対策を十分にとれば問題はない。ただし、そのための費用は大きい。

いままでは、ごみ焼却場などの迷惑施設を新規に建設することは難しい。周辺地域の同意を得ることが難しいからだ。しかし、臭いのないくるるんは、迷惑施設ではなく、むしろ、近隣の住民には喜ばれる施設となっている。

建設の同意を得ることが楽な施設である。

●現地を見れば農家の不安は一気に解消
——肥料代を年間五〇万円以上節約できた農家も出現

液肥について不安を訴える人が多い。

ほとんどの農家にとって、液肥をはじめて体験するため、不安になるのはしようがない。液肥のデメリット

「液肥を長年入れつづけて土壌が変わっていかないのか？」——液肥の利用について熱心な議論が

——「第一八回環境自治体会議ちっご会議」の分科会から

液肥の利用について、大木町の農家や佐賀大学の田中宗浩さんを囲んで議論をおこなった。第一八回環境自治体会議ちっご会議（二〇一〇年五月）の分科会「メタンプラントを核にした地域循環」の報告と質疑部分からの抜粋である。

中村まさる（大木町・農業）　私は大木町の米づくりの専業農家で、栽培面積は四ha。液肥利用のきっかけは、二〇〇三年に町で実験プラントを使った生ごみのモデル処理事業が実施され、そこでできた液肥を二〇〇四年に試験的に使ってみたことである。機械がなかったため、散布が非常に大変で、臭いも気になったことを覚えている。

二〇〇六年に二〇ａの水田で本格的な試験栽培をおこなったが、そのときはまだ液肥はなく、山鹿市から液肥を搬入し、役場職員と消防ポンプを使って手作業で散布をするという非常な苦労をして施肥した。試験栽培での生育は順調で、これは充分使えるという自信がついた。二〇〇六年秋からプラントが稼動し、二〇〇七年から本格的に利用。地区の営農組合にも話をして、液肥を使った特別栽培米を一五haで取り組んでいる。

肥料・散布代が一〇ａ当たり一〇〇〇円で済むので、非常にコストの削減につながっている。いま、肥料の価格が高騰し、液肥利用希望者もさらに増えると思われるが、できる液肥の量は年間六〇〇〇t。年間約八〇ha分で、町内の総生産面積の一割にもならない。住民との協業でできた液肥なので大切に使っていかなければ、と思っている。

液肥を利用する者としては、ただ化学肥料の代わりに使うということだけでなく、資源循環とか環境に気を配っていく必要がある。私たちの営農組合では、稲わらや麦わらの焼却をせずに土づくりに利用したり、畦草などは除草剤を使用しないで、こまめに刈り取ったりするなど、人と自然がともに生きる農村をめざし、努力をつづけている。

遠藤はる奈（当時、長崎大学大学院。現環境自治体会議「環境政策研究所」主任研究員）　ここからの時間は質疑応答とさせていただく。

質問者（ＪＡみやま）　液肥だけでは足りない成分があると思うが、追肥はないのか？　病害虫の消毒薬や減農薬、そのへんの効果はどうか？

中村　私のところでは追肥にはＦＰ

SSという追肥専用の肥料を田植えのときに入れている。当初は基肥だけで様子をみて、あとで化成肥料の追肥をするつもりだったが、以前から化成肥料一発施肥での栽培がすすんでいたため、盆前の暑い時期に追肥をすることは大変である。肥料は一〇a当たり八kg使用。防除は可能な限りしない。

病害虫についても去年から消毒をしていて、農薬の散布は田植え後の除草剤一回と、どうしても散布の必要がある場合だけ。特にウンカの防除をしている。去年は最後に防除をおこない、その前は防除をせずに済んでいる。無農薬のモデル事業で年三回の指導を受け、畦草にも除草剤を使わないでこまめに草刈りをしていくと、クモなどが棲むようになる。何年か前に、稲の株元にびっくりするぐらいのウンカが付いていたが、「クモが来るから大丈夫」と指導され、防除しなくて済んだ経験もある。

質問者（大木町内の農家）　農家の立場で一番心配なのは土壌である。液肥を長年入れつづけて土壌が変わっていかないのか？　塩基が高くなって、どうしようもなくなるとも聞いている。また、pHの問題では、どのような調査をしているのか？

中村　二〇〇七年から三年間使っているが、いまのところ問題はない。pHは少し下がり、麦などに使う場合は、石灰などで中和しないで使っている。塩基の集積については、いまのところわからないが、そういうことも調査しながらやっていかなければ、と思っている。

田中宗浩（佐賀大学農学部准教授）　補足させていただく。では、化学肥料を使った場合はどうなのか？　化成肥料も有機肥料も過剰に入れれば弊害が出る。どんな肥料を使うにしろ、基準を守ることは大事なことである。液肥も基準を設けて散布しており、大木町は基肥のみで追肥ナシ。山鹿市は基肥三t。築上町は基肥五t。もちろんその土壌の状態に応じて上下させている。

実際に築上町では毎年土壌分析・肥料分析をやっている。これをはじめたのは、「重金属が心配」という理由だったが、液肥を使っていない土壌と比較してもまったく違いがない。実際、どこの土壌でもごく微量だが重金属が含まれている。

質問者　昭和二十年代、トイレがどぼんトイレで、「のつぼ」と呼ばれていた。壷がいっぱいになると、もう少し大きな壷に移し、そこに何カ月間か入れておくと完全に分解されて透明な液が出てくる。そこには生ごみも入れていた。いま、やっていることは、それと同じ。その頃は重金属がどうという心配はなかったし、われわれはこれを何百年と長いことやってきた。その後、われわれの生活が変わって、重金属が入るような食生活をしていれば話は別だが。まあ、昭和二十年代に戻っただけのこと。そういう風に考えれば心配ない。

質問者　化成肥料を使っていた頃と比べて、収量は変わったか？

中村　年ごとにかなり違う。去年は一〇a当たり五四〇kgで九俵ぐらい。平均すると、化学肥料と比べて少し落ちるといったていどだが、昨年は天候がよく、化学肥料とほとんど変わらなかった。食味を優先するなら四五〇kgぐらいが一番いいと思っている。収量は、あまり多収は望まないでつくっていこうと皆さんにはいっている。

質問者　液肥成分にリン酸が不足しているので、リン酸を混ぜて散布しているということだが、窒素、カリに比べてどのくらいの割合か？　液肥に加えるリン酸は、液肥の値段に比べてかなり高かったが、そのあたりはどうか？

田中　液肥に混ぜるリン酸は、もともと消火器の消火薬剤のリサイクルということではじめた。消火器の粉は硫安（硫酸アンモニウム）で、高純度の硫安がシリカゲルでコーティングされている。消防法では、消火器は八年に一度リサイクルしなければならず、（株）モリタが消火器の粉をリサイクルする技術の特許を取ったのでそれを使おうということになった。使用期限切れの消火器だが、リン酸肥料の材料として肥料メーカーに販売されており、肥料として買えば高いので、原価で入れてほしいというのがはじまりである。

リン酸は別に入れなくても構わないが、特に稲の成長期には不足するので、どうせ後で農家の方が使うのであれば、プラス三〇〇円か四〇〇円で入れてあげよう、ということでやっている。山鹿市も築上町も希望者だけに入れている。その分お金をとりますよ、という話である。

は、唯一、液肥を使ったことがないことによる不安だけである。しかしながら、大木町で示した社会変換の手順どおりにすすめていくことで、多くの農家は興味を示し、積極的に使うようになる。

しかし、手順を間違えると、うまくいかない場合もある。

例えば、京都府南丹市（八木町）では、牛のふん尿をメタン発酵させて、その消化液を液肥として利用するという試みをつづけていた。南丹市と京都大学農学部の取り組みで、液肥の安全性の検査、液肥による実証栽培などがおこなわれ、その成果が農家に示されていた。

しかしながら、こうした大学の先生の実直な調査は、逆に農家の不安をあおっていたようだ。たかが肥料を京都大学の先生たちによって安全かどうか調査してもらうということは、農家の立場に立てば「安全ではないものを自分たちに押しつけているのではないだろうか」という不安につながっていたようだ。

また、実証田を一メートル四方に区切って、液肥の肥効、栽培状況を綿密に調べるという調査は、研究者にとっては大変な作業ではあるが、これを農家側からみると「ここまで調べないと使えないような肥料なのか」という不安をあおる行為でもある。

南丹市や京都大学の農学部の先生方の一生懸命な取り組みと、農家の必要とする情報にずれがあった。その結果、南丹市での液肥の利用はなかなかすすまなかった。

そこで筆者（中村）に南丹市から委託があったのだが、ここで筆者が大学の先生として登場しても農家との溝は埋まらないと考え、築上町で液肥を利用している田中祐輔さんに南丹市で話をしてもらうことにした。

大木町や山鹿市など液肥をはじめて使おうとする農家の視察交流の経験を踏まえて、農家の液肥への不安を理解している田中さんの話は、的確であった。

「わたしは築上町で水稲を五・八町、麦を一二町作付けしています。液肥を使いつづけて一〇年になるが、毎年化学肥料を使うよりも年間五〇万円以上も肥料代が安くなる。その結果、一〇年以上液肥を使っているから五〇〇万円以上の節約になったので、妻にお願いしてクラウンを買った。……」

この田中さんの話で、南丹市の農家の液肥への意識は「不安な肥料」から「儲かる肥料」へと大きく変わった。

さっそく、南丹市の農家は築上町を視察し、まず田中さんのクラウンを確認し、液肥で育っている稲を見た。

10年間に節約した肥料代（500万円以上）で購入したクラウン。田中祐輔さんの"液肥号"

そして、南丹市では液肥を利用する農家の協議会「南丹市液肥利用協議会」が発足し、液肥の利用が広がっている。

ちなみに、いまでは、田中さんのクラウンは〝液肥号〟と呼ばれている。

〝液肥号〟は液肥を不安に思う農家に液肥を受け入れてもらうための重要な社会変換の道具である。

南丹市で液肥の利用が広がることで、京都大学が積み重ねてきた液肥の実証栽培のデータは農家にとって重要な栽培の資料となっている。

なお、実際に液肥を使いはじめると、農家も栽培のプロなので液肥の特性を理解し、さまざまな作物への応用を考え、挑戦しはじめる。なにしろ格安で散布までしてくれる肥料である。

佐賀大学農学部の田中宗浩さんは液肥栽培の第一人者であり、現場の農家への理解が深い研究者である。田中さんや、京都大学農学部の実証データなどとも合わせて、液肥栽培のデータは十分に蓄積されている。これらは、岩下幸司・岩田将英『メタン発酵消化液の液肥利用マニュアル』（社団法人地域資源循環技術センター、二〇一〇年）としてまとめられているので参考にしてほしい。

本節の最後に、液肥の成分調整とコストの問題について触れておきたい。理系の研究者、メーカーの技術者の性《さが》なのだが、彼らは液肥の成分調整、加工、熱処理などについて提案したがる傾向がある。そのことで彼らは研究費の獲得や新たなビジネスをねらっているのだが、液肥の成分調整や加工、加熱処理をおこなうことで液肥の質は必要以上によくなるが、液肥の価格はあがる。価格があがれば農家の利用は少なくなる。

水田で消化液をそのまま使うという意味では、消化液は稲の肥料として十分な品質を有している。それゆえ、消化液のまま提供すれば、行政のコストはかからず、農家も格安で入手できる。水田利用では、液肥の成分調整、加工、熱処理などは不要である。築上町のように、せいぜいリサイクルしたリン酸肥料を加えるていどで十分である。

安くて手間がかからないからこそ多くの農家、多くの水田で使ってもらえる。これが、液肥のメリットである。そのメリットを消したがるのが、コスト意識のない一部の研究者や技術者である。彼らの誘惑にはくれぐれも気をつけたい。

彼らにそそのかされて、不要な液肥の加工工程を施設に組み入れると、その導入費用だけでなく、その後の運転費用の高騰につながるだけでなく、農家には液肥を高く売らなければならなくなる。

やらなくてもいいことはやらない、ということも大事である。

【注と参考文献】

岩下幸司・岩田将英（二〇一〇）『メタン発酵消化液の液肥利用マニュアル』社団法人地域資源循環技術センター。

田中宗浩（二〇〇四）「有機系廃棄物の液肥化利用技術」『気象利用研究』一七、一四―一七ページ。

第Ⅱ部

全国の自治体の課題分析と資源化の「手法」

第4章 五自治体にみる生ごみ資源化の問題点と解決の方向性

この章では、全国五つの自治体の生ごみ資源化の取り組みを紹介する。

これらの地域から、いい点も悪い点も含めて、循環の取り組みを学ぶことができる。

じゃんけんは「あとだし」が勝つことになっている。大木町が各地に学びながら到達した視点で、各地の取り組みをふりかえって批判するのは簡単であるが、それはできるだけ控えて、各地の事例を簡潔に紹介する。

読者には「社会変換」「循環のまちづくり」「経済性」などの視点で、各事例から、各地域の課題を読み取ってもらいたい。

1 福岡県朝倉市（旧朝倉町）

●可燃ごみの分別より一〇年早く生ごみ分別を開始

旧朝倉町は福岡県東南部に位置し、博多万能ねぎや富有柿の生産で有名な地域である。稲作を支える三連水車は、町の観光資源にもなっている。旧朝倉町は二〇〇六年（平成十八年）に甘木市・杷木町と合併し、現在は朝倉市となっている。

旧朝倉町では、一九八三年に「朝倉町高速堆肥センター」を建設し、生ごみの分別収集と堆肥化をおこなってきた。全国の事例のなかでも、早い段階で生ごみの堆

朝倉町高速堆肥センター　臭気対策のために山奥にあった

肥化に取り組んだ町である。農業が盛んな地域であったため、堆肥を生産し農地に還元することで、地力の増強を図る目的でこの取り組みが開始された。

焼却処理施設のない朝倉町では、可燃ごみの処理は自家処理か町内のリサイクルセンターに住民が直接持ち込むことでおこなっていた。

一九九三年から可燃ごみ処理を、隣接する甘木市に委託することになった。このときはじめて可燃ごみの分別収集が開始された。生ごみの分別収集開始から一〇年後のことである。

可燃ごみの分別収集より先に生ごみの分別収集がおこなわれていたことは、全国的にも珍しい事例である。

●旧朝倉町の循環システムと堆肥化事業

旧朝倉町では、生ごみの分別収集に紙袋が使われていた。各家庭では、生ごみは水気をよく切って新聞紙に包み、指定の紙袋に入れて付属の麻ひもで縛り、収集場所に出す。紙袋には世帯番号を記入するようになっており、どの世帯が出した袋なのか特定することができる。指定紙袋は、役場で無料配布されていた。袋が必要な住民は、自ら役場に袋をもらいに行く。朝倉町では生ごみの分別排出を義務化せず、希望する世帯のみが参加する制度であった。それにもかかわらず、町内の三分の一を超える九七五世帯（二〇〇〇年当時）が参加していたのは、生ごみ分別による経済的メリットがあったからだ。生ごみ用の指定紙袋が無料であったのに対し、可燃ごみ用の指定袋は一〇枚五〇〇円で販売されていた。

生ごみ収集は、町から委託を受けた民間事業者が専用のパッカー車でおこなう。一六四カ所の収集場所を二つの区域に分け、それぞれ可燃ごみと同日に週二回の収集にまわる。

収集場所では、月に一度、役場の職員による分別状況のチェックがおこなわれた。生ごみが入った紙袋をカッターで切り裂き、ビニールなどの異物がないかを確認するのだ。もし異物が入った紙袋があれば収集せず、注意書きを貼って収集所に残す。袋に記入された世帯番号を控え、その世帯に役場から連絡して正しい分別を促すという仕組みである。適切な分別を維持するための合理的なシステムだったといえる。実際、「朝倉町高速堆肥センター」に搬入されてきた生ごみからは、一年間でみかん箱一つ分ほどしか異物が生じなかった。

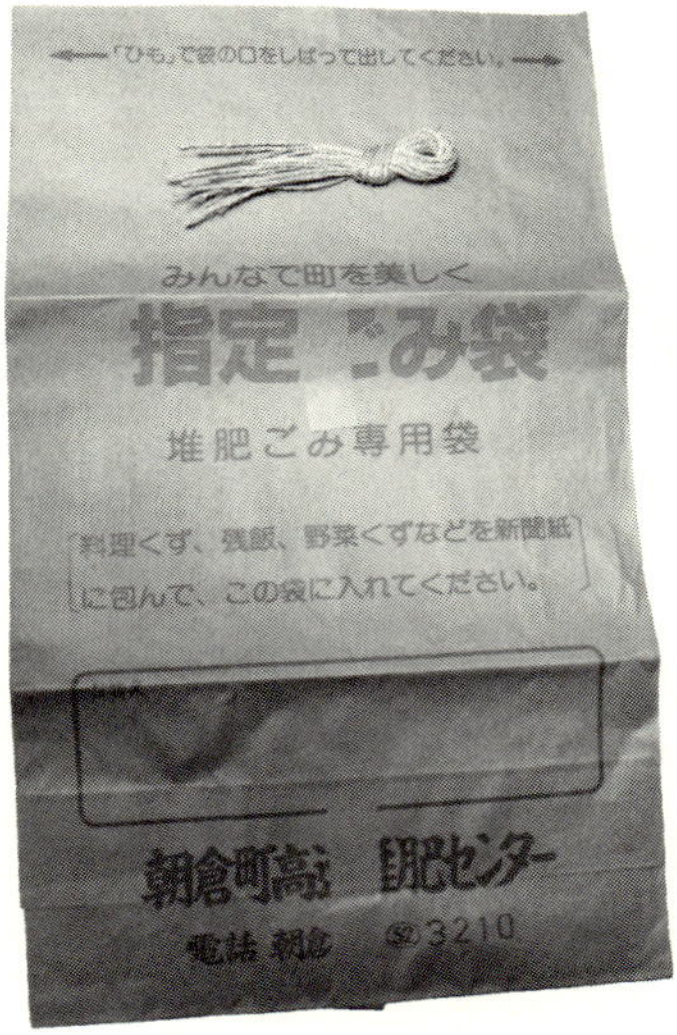

生ごみ用袋（朝倉町）

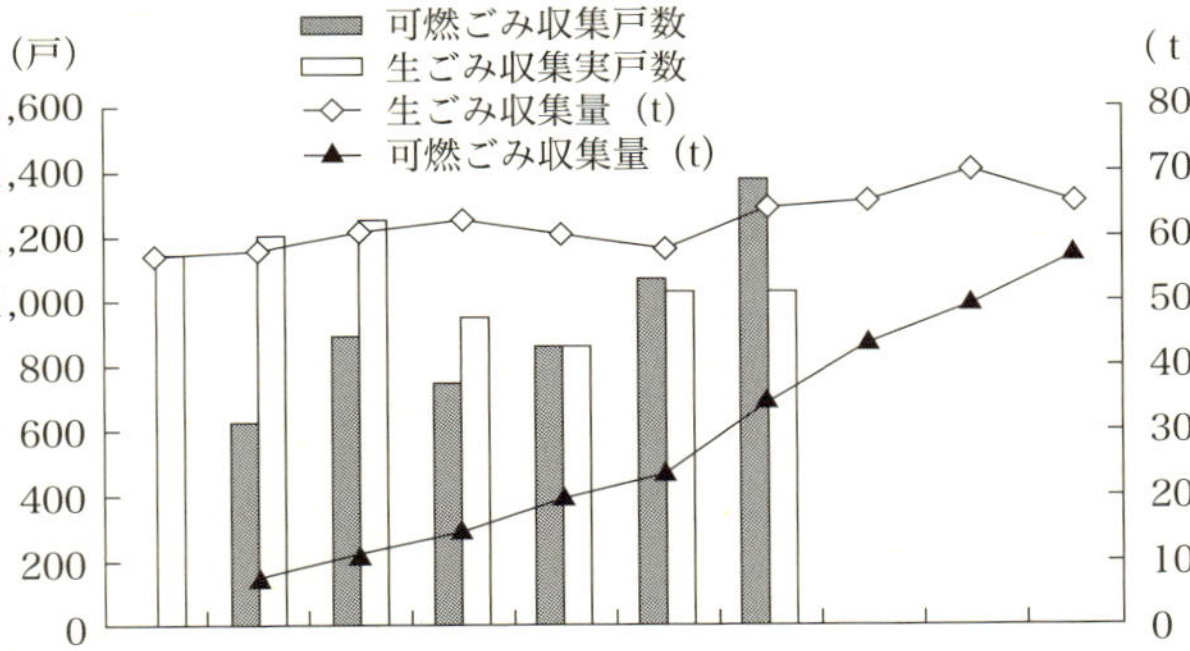

図4-1　朝倉町の生ごみ・可燃ごみ収集量と収集戸数

出所：朝倉町役場生活環境課「朝倉町のごみ処理」（平成15年5月16日）他、朝倉町役場資料より和田真理作成

生産された堆肥は、地元農家に人気であった。「博多万能ねぎは鮮やかな緑色になる」、「梨や葡萄、柿などの果物類は糖度が高くなる」などの評判で人気が高まり、

家庭菜園でもよく使われていた。堆肥は、八kg入り袋で一五〇円、バラ売り一kgで一五円と、農家には購入しやすい価格に設定されていた。堆肥は平均で一カ月半、長くかかるときでは、四カ月もの順番待ちとなるほど好評であった。

また、町内の小学生や女性団体が毎年施設を訪れるなど、環境学習の場としても活用されていた。マスコミでとりあげられることも、たびたびであった。生ごみ堆肥化事業は、町内外から高く評価されていた取り組みだった。

●広域処理の開始で、好評だった堆肥化事業が中止に

順調に展開していた朝倉町の生ごみ堆肥化事業だが、一九九二年に周辺市町村とのごみ処理広域化計画が持ち上がったことにより、状況は一変する。

当時、朝倉町は前述のように可燃ごみ処理は自家処理が基本であった（翌一九九三年以降は、可燃ごみ処理を甘木市に委託していた）。近隣市町村では、単独あるいは複数町村が共同で焼却施設を運営していたが、いずれの施設でも焼却灰の処分と施設の老朽化に伴う更新が課題となっていた。こうした共通の課題に対応するため、朝倉町を含む一市六町二村でごみの広域処理をおこなうことが提案された。

ごみ処理事業を共同でおこなう自治体の範囲を広げ処理施設を集約すること、すなわち「ごみ処理の広域化」は、当時全国的な流れであった。その背景には、一九九七年の廃棄物処理法改正がある。廃棄物の焼却に伴うダイオキシンの排出を削減するため、焼却施設の構造・維持管理基準が強化されたのである。またこれと同時期に、厚生省から各都道府県に「ごみ処理の広域化について」と題された通達が出されている。通達の内容は、ダイオキシン削減対策やリサイクル推進、公共事業費縮減のため、ごみ処理の広域化を検討し、市町村を広域ブロック化すること、市町村が保有する焼却施設を大型炉に統合することを求めるものであった。これを受けて各都道府県はごみ処理広域化計画を策定し、全国各地で広域処理組合が生まれたのである。

朝倉町近隣の市町村は、二〇〇〇年に「甘木・朝倉・三井環境施設組合」を設立した。そして、域内四つの焼却処理施設を統合し、大型ガス化溶融炉を建設することが決定した。同時に、容器包装廃棄物や粗大ごみの処理をおこなう施設としてリサイクルプラザを整備することが決定した。ガス化溶融炉は二〇〇二年に稼働をはじ

め、域内のすべての可燃ごみが集められることになった。

ガス化溶融炉の導入決定を受けて、朝倉町では生ごみの分別収集と堆肥化事業を中止することを決定した。広域処理がはじまれば、組合への負担金として処理費と建設費を支出しなければならない。堆肥化事業を継続することは、ごみ処理事業への二重投資となる、というのが事業中止決定の理由であった。こうして一九八三年から二二年間つづいた生ごみ堆肥化事業は廃止された。住民のなかからは反対意見も多く出たが、廃止は覆らなかった。

当時、堆肥センターの担当者は「堆肥センターの施設を拡充することで、広域の自治体の生ごみも処理できる。そのことで、ガス化溶融炉の規模を小さくできるのに」と大変残念がっていた。

しかしながら、当時の国の基準では一定の規模の大きさの焼却炉でないと補助金が出なかった。センターの担当者がいうように、生ごみを資源化すれば、ガス化溶融炉の規模は小さくできたかもしれないが、そうすると補助金が使えない、ということでもあった。

結局、大型の焼却炉を建設するためには、ごみを多く集める必要があり、分別され資源化されていた生ごみは、焼却処分されることになった。

2 山形県長井市

●台所と農業をつなぐ
——長井市のレインボープラン

山形県南部に位置する長井市では、一九九七年から生ごみ、牛ふん、もみ殻を原料とする堆肥の製造とその利用による循環に取り組んでいる。生ごみ分別収集の対象は、市街化区域に住む住民約一万四〇〇〇人であり、市の全人口の四七％に当たる。

長井市のこの循環の取り組みは「レインボープラン（台所と農業をつなぐながい計画）」と呼ばれている。その循環の流れは、以下のようなものである。

まず、対象地域の住民は自宅で生ごみを分別し、ザルや専用の水切りバケツで十分に水切りする。週二回の回収日の朝、ごみ収集ステーションに設置された大型バケツ（バケツ・コンテナと呼ばれている）に生ごみが投入される。住民が出した生ごみは、収集作業員によってこの大型バケツごとリフト式トラックに積み込まれ、コンポストセンターへ搬入される。

この分別収集方式は、行政と市民が紙袋方式と比較検討した結果、選択された。市民自らが選んだこの方法は浸透しており、分別の手間や臭い、カラスの被害などについての苦情は出ていない。

　収集された生ごみは、コンポストセンターに搬入される。生ごみの前処理施設への投入とバケツ洗浄はすべて手作業でおこなわれている。ベルトコンベヤーで半自動

前処理施設に生ごみを投入する

（撮影・西俣先子）

手作業でのバケツ洗浄　（撮影・西俣先子）

化され、バケツの上げ下ろしが少ない大木町の施設と比較すると、作業員の労働負担は大きい。

　コンポストセンターでは、生ごみと牛ふん、もみ殻を原料に堆肥を製造している。レインボープランでは、良質堆肥を地元で製造し、地域農業に役立てることを当初から目的にしていた。堆肥中の窒素成分を改善する牛ふん、堆肥の水分調整と土壌の団粒構造化に寄与するもみ殻は、良質な堆肥を製造するために欠かせない原料である。

　堆肥の販売は、山形おきたま農業協同組合が担っている。販売価格は一〇kg袋で二四一円、バラ売りでは一t当たり二六二五円である。実はこのバラ売り価

格は、二〇〇九年に元の四二〇〇〇円から改定されている。農業資材が高騰していること、畜産農家が供給する堆肥価格が比較的安いことから、販売戦略・農家支援を目的とした改定であった。

堆肥は一般市民や農家が利用しており、二〇〇八年度には生産された三一〇〇tの堆肥がすべて活用され、販売収益もあげている。

●レインボープランにおける循環の技
――四つの堆肥利用促進策

堆肥が地元で利用され、農産物が地元に供給されることで循環が成立する。レインボープランの要である堆肥の利用促進策を紹介する。

①利用方法の確立

一九九四年度から三年間、農林水産省の補助を受けて有機農産物栽培研究事業を実施した。コンポストセンターが稼働した一九九七年度から一九九九年度には、一般農家に堆肥の無償配布をおこなった。

研究事業の成果を活かして栽培暦も作成し、農家が堆肥を使用する道筋をつけた。

②成分分析と情報開示

堆肥の販売に当たり、特殊肥料として県知事に届を出しており、年に二回成分分析をおこなっている。最新の成分分析結果は堆肥の袋に書き込まれ、農家が安心して堆肥を使えるように情報を開示している。

③レインボープラン農産物認証制度

この独自の認証制度が、レインボープランの大きな特徴といえる。レインボープランで生産された堆肥の一定量の使用と、化学肥料（窒素成分）と化学合成農薬使用回数を慣行農法の二分の一以下に抑えることが条件であり、この条件を満たした農産物には認証シールを貼ることができる。

シールが貼られた農産物が店頭に並ぶことで、農家の意欲を向上させるだけでなく、レインボープランの取り組みそのものを広く浸透させることにもつながっている。

一九九九年度にスタートしたこの認証制度には、二〇〇六年度には二〇戸の農家が参加している。また、長井市の学校給食は週五回米飯だが、このうち三回は認証を受けた米が提供されている。

虹の駅　レインボープランの堆肥を使った地元野菜を市民に提供

（撮影・西俣先子）

④農産物流通ルートの拡大

学校給食での利用のほか、一般市民がレインボープランの農産物を購入できる流通ルートも広がっている。主な流通先として、地元スーパーやJA直売所「愛菜館」、民間主導のまちづくり機構「長井村塾」、NPO法人レインボープラン市民市場「虹の駅」などがある。

このほか、地元の旅館やホテル、食堂、レストランなどの「レインボープラン参加店」では、認証農産物を使用したこだわりのメニューが提供されている。

●レインボープランの推進力が市民であることとの両義性

全国に先駆け、農産物の認証制度や流通拡大など多岐にわたる取り組みを展開してきたレインボープランは、市民の声から立ち上がった。

一九八八年（昭和六十三年）、長井市のまちづくりについて市民の声を直接聞こうと、市長の呼びかけではじまった「まちづくりデザイン会議」に集まった市民から、地力の低下、家畜の減少に伴う有機資源の不足、地域の自給率の低下など、長井市の農業の現状を危惧する声があがった。これに対し、消費者の安全志向にこたえ

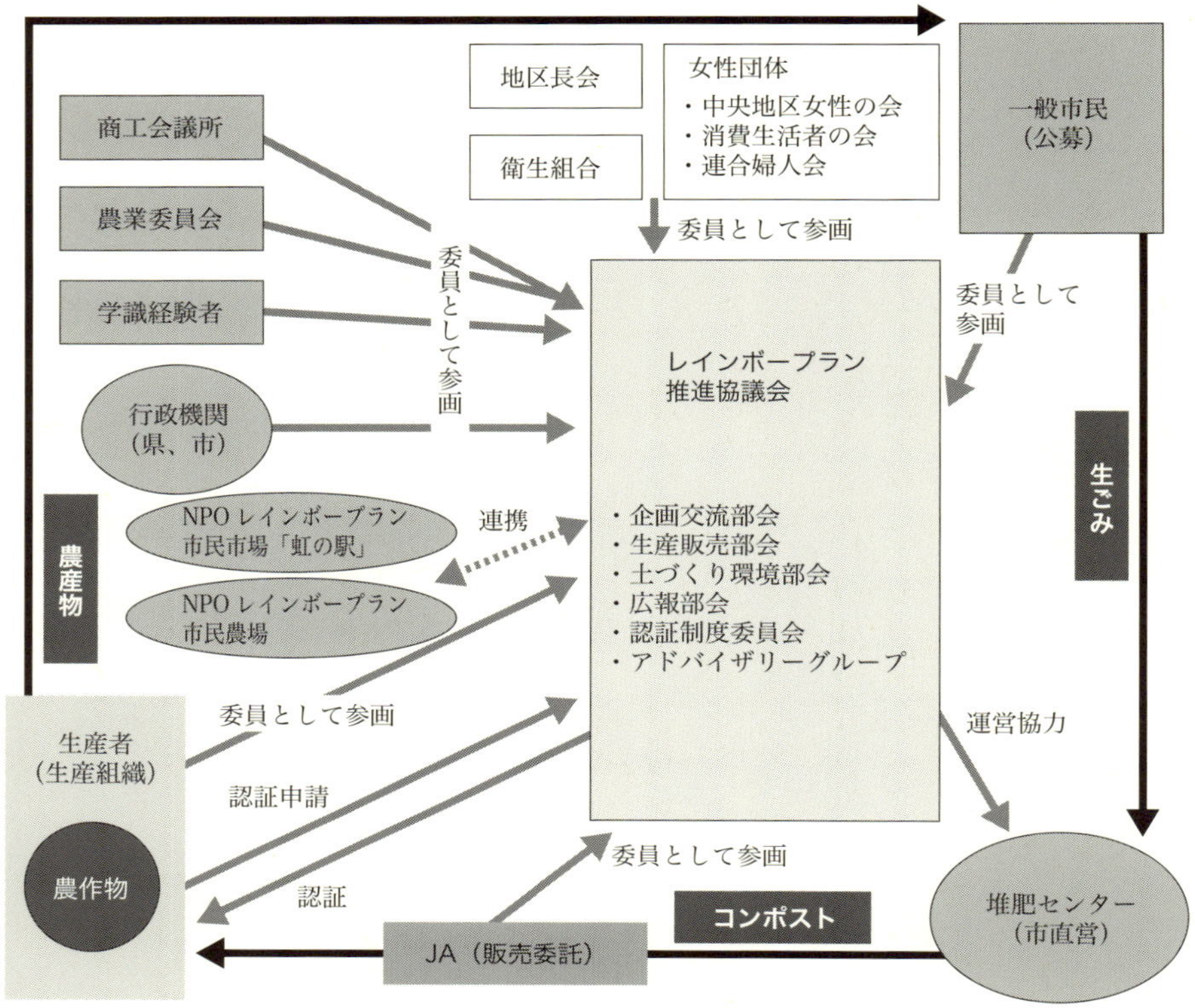

図 4−2　レインボープラン推進協議会の体制

出所：長井市

る有機農業と堆肥供給システムの確立などの意見が寄せられた。

この提案を受けて「快里《いいまち》デザイン研究所」が発足した。研究所は一九九一年に、生ごみ循環利用を含む農業のあり方について市長に提言した。これを契機として、生ごみ循環利用と有機農業推進に向けた具体的な検討がはじまった。

基礎調査から事業化の具体的検討は、行政と市民が構成員となった「レインボープラン調査委員会」および「レインボープラン推進委員会」が主体となっておこなわれた。検討の初期の段階から、市民が直接関わる体制であったことが、今日の推進力となっている。

「レインボープラン推進委員会」はコンポストセンターが建設された一九九七年に「レインボープラン推進協議会」と改称された。現在では、レインボープランの運営を担っている。

つまり、農産物認証制度の運営、学校給食での認証農産物利用の主導、視察対応などが、すべて市民の手でおこなわれている。一方、それは行政の仕事としてはおこなわれていない、ということでもある。

3 北海道滝川市

生ごみメタン発酵の導入経緯

滝川市は、近隣五市一〇町とともに一九九九年に「中・北空知地域ごみ処理広域化基本計画」を策定し、二〇〇三年から生ごみのメタン発酵によるエネルギー化に取り組んでいる。

北海道がごみ処理広域化を推進するなかで、滝川市が属する中・北空知地域では、新たな焼却施設を各自治体あるいは各地域で整備するより、民間の既設ガス化溶融炉に可燃ごみの処理を委託するほうが経済的と判断された。しかし、この施設が立地する歌志内市との協議において、可燃ごみから生ごみを除くことが受け入れ条件として提示された。このガス化溶融炉では、ごみ焼却により発電をおこなっており、生ごみを焼却することで発電への影響が懸念されたためだ。このことから、中・北空知地域をさらに三つのブロックに分け、生ごみ処理について検討することとなった。

その結果、滝川市を含む中空知衛生施設組合のほか、北空知衛生センター組合、砂川地区保健衛生組合の三カ所で、それぞれメタン発酵施設を導入することになった。

ここでは、滝川市の取り組みを中心にみていく。

滝川市を含む中空知ブロックは、生ごみ処理の方法として炭化、高速堆肥化、バイオガス化（メタン発酵）を比較検討した。当時、生ごみを主な対象とした大規模メタン発酵施設の国内での導入実績がなく、技術面やコスト面に懸念があったが、バイオガスによる発電・熱利用が維持管理費の低減につながることが期待され、メタン発酵によるバイオガス化が選択された。メタン発酵では処理残さとして消化液が発生するが、滝川市ではこれを脱水した後に肥料化し、農地還元することとした。

滝川市の生ごみ資源化システム
――消化液を脱水・乾燥・熟成

滝川市を含む中空知衛生施設組合は、二〇〇三年にメタン発酵施設「リサイクリーン」を建設した。生ごみ分別収集の対象は、滝川市が全人口約四万四〇〇〇人、同組合に参加する近隣市町も含めると、約九万五〇〇〇人にのぼる。

各家庭で分別された生ごみは、指定のプラスチック袋で出される。生ごみ指定袋は茶色、可燃ごみ指定袋はピンク色と色分けすることで、同じ日に出されても区別しやすいように工夫されている。

収集は、各戸が自宅前に指定袋に入れたごみを出す戸別収集方式である。各家庭が鉄製ボックスを置いたりネットをかけて、カラスや猫の被害を防止している。一部の団地やアパート、マンションでは収集ステーションを設けているが、雪が多い地域であるためステーションが雪に埋もれてしまうこともある。

収集頻度は、市街地区は週二回、農村地区は週一回である。生ごみと可燃ごみの収集日は同じで、パッカー車を二巡させ、一巡目で生ごみを、二巡目で可燃ごみを収集している。パッカー車は生ごみと可燃ごみで共用しており、生ごみ分別収集の開始に合わせ九台から一四台に増やしている。

こうした二段階の収集方式では、二巡目に収集する際に出されている生ごみが、一巡目の生ごみ収集の後に出されたものか、一巡目に見落としていたものかの判別ができず、排出時間の違反について実態がつかみにくいという課題がある。

収集された生ごみは、「リサイクリーン」に搬入される。生ごみは前処理後にメタン発酵させ、発酵により発生したバイオガスで発電・熱利用をおこなっている。発電した電力は場内で利用するほか、夜間や休日には北海道電力(株)へ売電している。

発酵後の消化液は、脱水・乾燥処理後に四〇日間熟成させる。こうして生産された肥料は、汚泥発酵肥料として肥料登録され、「美《ビ》o《オ》l《ラ》a」として販売されている。販売価格は一五kg袋で四〇〇円、バラ売りなら一〇〇kgで六〇〇円である。一般市民や農家が購入し、主に畑の肥料として利用しているほか、中空知衛生施設組合に参加する自治体でも利用している。

●滝川市が抱える二つの課題——生ごみ不足、脱水によるコスト高

滝川市のシステムは、二段階収集による排出時間違反の問題のほか、いくつかの課題を抱えている。

一点目に、実際の生ごみ収集量が計画規模に満たないことである。リサイクリーンでは、家庭系・事業系合わせて一日当たり四四・七t、週六日搬入すると年間で約

一万二八七〇tの受け入れが計画されているにもかかわらず、二〇〇八年度の実績では年間六九五三tが搬入されている。計画規模の五四%しか生ごみが集まっていない。また、生ごみに混入する異物の量も多く、悪質な異物もある。市民への啓発事業の不足が考えられる。

二点目に、施設の維持管理費用が大きいことである。二〇〇八年度におけるメタン発酵施設（場内のメタン発酵に直接関係しない施設に関する支出は除く）の維持管理費は、処理量一t当たり二万六〇〇〇円であった。生ごみのメタン発酵をおこなう大木町では一t当たり六一〇〇円である。

この差は消化液を脱水して肥料化する（滝川市）か、そのまま液肥として利用する（大木町）かが大きく関与している。

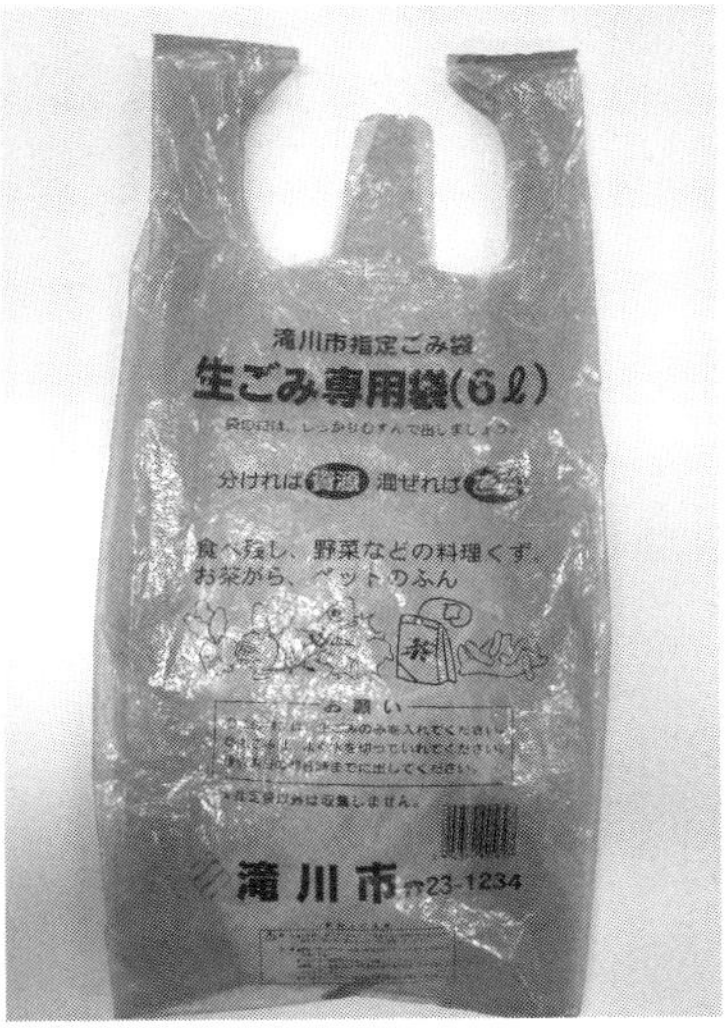

生ごみ用袋

滝川市のシステムのように消化液を脱水して肥料化するためには、固液分離装置（脱水）、肥料化設備、排水処理設備が必要である。メタン発酵施設の設備が複雑化し建設コストも高くなる。また、固液分離のための凝集剤や排水処理のための薬剤費、設備を運転するための電

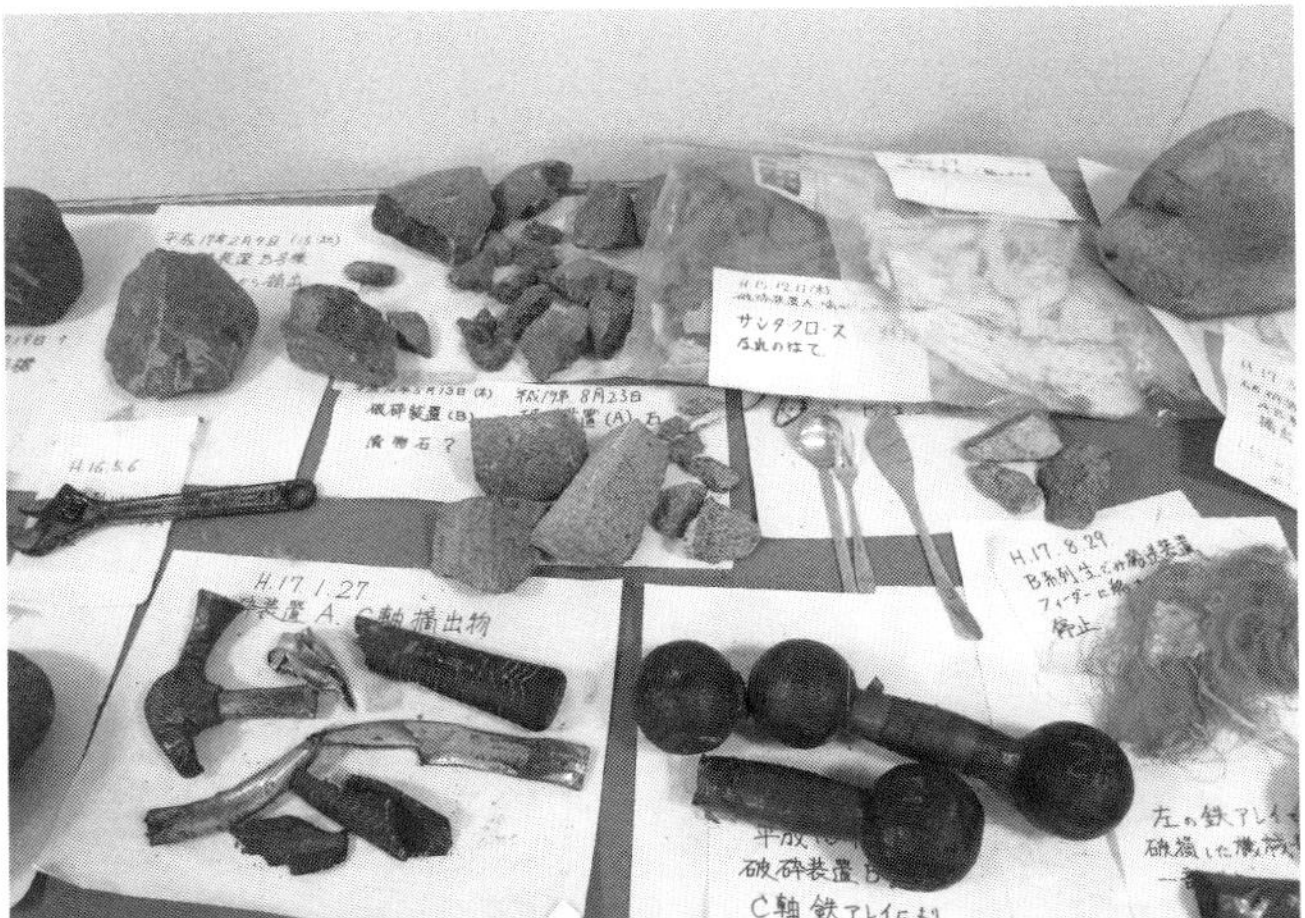
生ごみに混入していた異物

気代もかかる。

消化液をそのまま貯留し液肥として使うシステムに比べ、イニシャルコスト、ランニングコストともに費用負担が増加してしまう。

4 岡山県倉敷市（旧船穂町）

●町長の発案で、短期間で生ごみ堆肥化事業を実現

岡山県倉敷市の旧船穂町地区では、一九九六年から一般家庭が排出する生ごみと農業残さの堆肥化をおこなっている。船穂町は二〇〇五年に市町村合併により倉敷市に編入されたが、合併後も旧町域を対象として事業が継続されている。

この事業は、町長の発案によって開始されたものである。当時の船穂町では、不燃ごみの埋立地の管理が不十分だったことから、夏場にハエや蚊が異常発生するなどの苦情が住民から寄せられていた。この問題を解決する方策として、一九九四年に当時の町長が「リサイクル社会の構築」を行政課題に掲げ、生ごみの分別収集と堆肥化を提案した。

町長提案を受け、産業課が「船穂町環境保全型農業推進要綱」を策定、翌年には堆肥センターが建設された。町長の提案から計画、建設、稼働に至るまで、わずか一五カ月しかかかっていない。

市町村の事業として生ごみ資源化に取り組む場合、計画策定だけで数年間を要するのが一般的であるが、これだけの短期間で事業化に漕ぎつけた船穂町では、町長と町職員の強い問題意識とリーダーシップが発揮された成果である。

●シンプルで適切な分別を維持できる収集システムの工夫

生ごみ分別収集の対象となっているのは、旧船穂町地区（約二二〇〇世帯）のうち、生ごみ収集を希望する約五〇〇世帯である。生ごみの収集は週一回である。対象世帯を三つの区域に分け、月・水・金の週三回、堆肥センターに生ごみが搬入されている。

船穂町の生ごみ分別システムは非常に合理的である。対象世帯には生ごみ分別用のバケツが配布されているが、このバケツには住所と名前が記入されている。住民

船穂町堆肥センター

は指定の収集日にこのバケツを住宅の前に置いておく。住民の出した生ごみはバケツごと収集されるため、分別が適切でない世帯を明確に特定することができる。

収集作業は町から委託されたシルバー人材センターである。作業員は対象地区の住民だ。身近な人間が収集作業をおこなっているため、生ごみを出す住民は丁寧に分

生ごみバケツ収集の様子　バケツには地区名と名前が書かれている

生ごみの投入　不適物があるか確認しながら投入する

別しようという心理が働く。顔の見える関係が、適切な分別を維持するのに役立っている。

生ごみが入ったバケツを収集する際、同時に前回収集したバケツが返却される。このとき、各世帯にぼかしも無償で配布される。生ごみの悪臭を抑えるとともに堆肥センターでの発酵をすすみやすくするためだ。家庭では、分別した生ごみにこのぼかしを混ぜ込んで、収集日まで保管している。

堆肥センターに搬入されたバケツは、一つずつふたを開けて分別状況が確認される。金属探知機と作業員の目視によって、不適物の混入がないか確認する。分別が徹底されていなかった場合は、指摘事項が書かれた紙をバケツに貼り、そのまま返却する。指摘事項をつけて返却しなければならないケースは多くはないが、「何がいけなかったのか」を直接示すことで、住民は分別方法を正確に理解することができる。

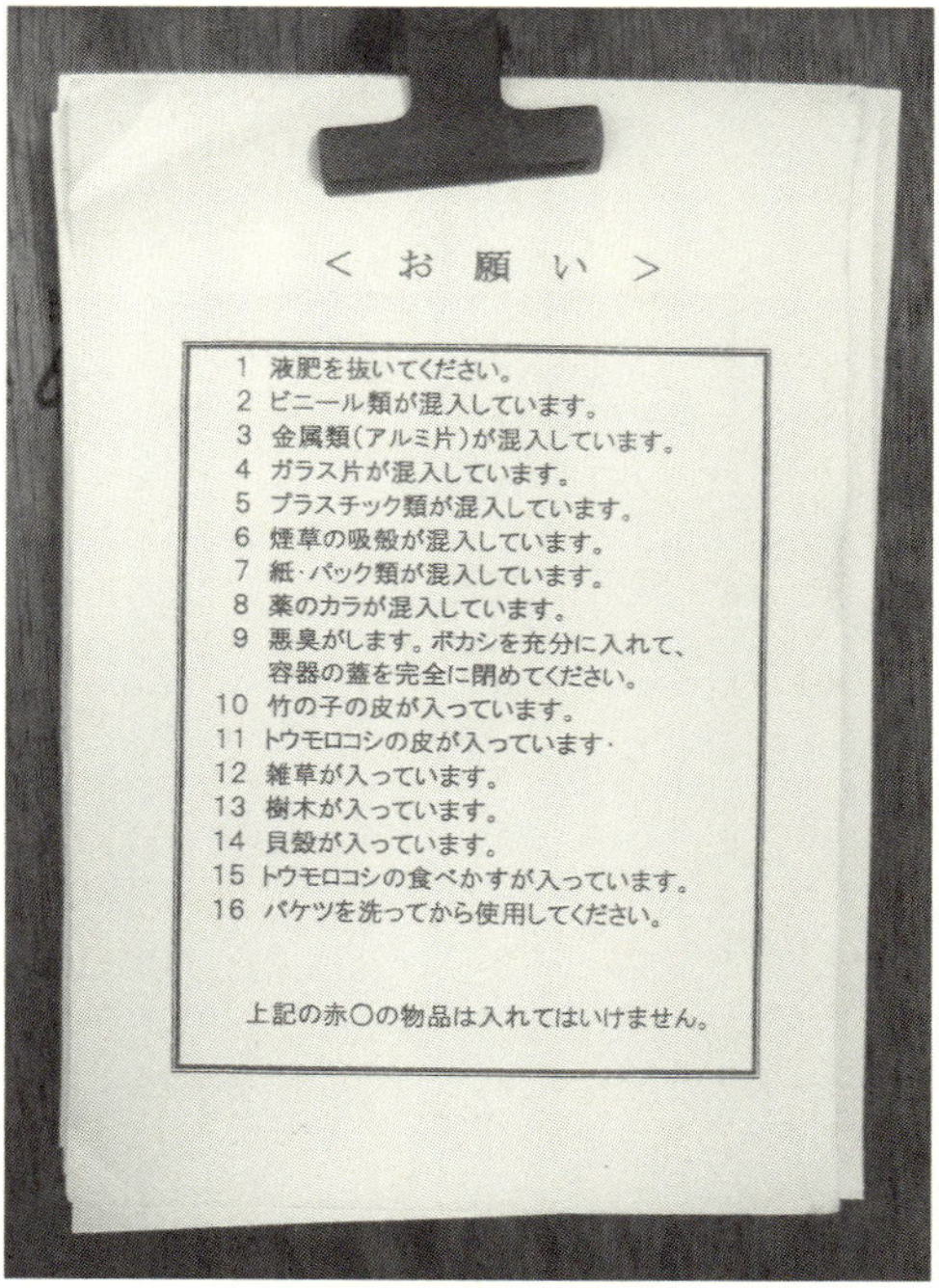
< お願い >
1 液肥を抜いてください。
2 ビニール類が混入しています。
3 金属類（アルミ片）が混入しています。
4 ガラス片が混入しています。
5 プラスチック類が混入しています。
6 煙草の吸殻が混入しています。
7 紙・パック類が混入しています。
8 薬のカラが混入しています。
9 悪臭がします。ボカシを充分に入れて、容器の蓋を完全に閉めてください。
10 竹の子の皮が入っています。
11 トウモロコシの皮が入っています・
12 雑草が入っています。
13 樹木が入っています。
14 貝殻が入っています。
15 トウモロコシの食べかすが入っています。
16 バケツを洗ってから使用してください。
上記の赤○の物品は入れてはいけません。

指摘事項が書かれた紙

堆肥センターでは、家庭から排出された生ごみのほか、大根葉などの農業残さも堆肥化原料として受け入れている。生ごみや農業残さは、異物を除去した後に破砕し、米ぬかと混合して約一週間かけて発酵させる。こうしてできあがった堆肥は粒状に成形され袋詰めされて「テクノペレット」という名称で販売されている。販売価格は一〇kg入り袋で七八〇円である。主に近隣の農家などで利用されている。

二〇〇八年度の実績では、生ごみ一六六t、農業残さ九tを受け入れ、一三五tのテクノペレットが製造されている。

●分別世帯の減少と堆肥の売れ行き不安

一五カ月間という短期間で事業化を実現し、準備期間が短かったにもかかわらず、シンプルで適切な分別を維持できる収集システムを構築していた。

しかし、この事業は「生ごみ提供者が増えない」「堆肥が売れない」という厳しい現状に直面している。堆肥センターの近隣に、汚泥から堆肥を製造する施設ができ、その販売価格は一〇kg当たり二一〇円である。そのためテクノペレットには割高感が生じ、在庫が増えている。また、地域住民の高齢化に伴って、生ごみを分別して出す世帯が減っている。

5 熊本県山鹿市

●生ごみ・家畜排せつ物からつくった堆肥と液肥を適材適所に

山鹿市は、二〇〇五年一月に山鹿市、鹿本郡鹿央町、鹿北町、鹿本町、菊鹿町の一市四町が合併し、新山鹿市としての市制をスタートした。

合併により人口約五万八〇〇〇人となったが、山鹿市では旧鹿本町区の八六〇〇人を対象に生ごみの分別収集をおこなっている。同じく旧鹿本町区から家畜排せつ物も集められ、「山鹿市バイオマスセンター」でメタン発酵と堆肥化による資源化がおこなわれている。この施設で製造される堆肥と液肥は、市内の農家を中心に利用されている。旧鹿本町で開始されたこの事業は、生ごみと家畜排せつ物をそれぞれの特性に合わせて資源化し、町独自の有機認証制度により堆肥と液肥の利用を促進している。

生ごみ分別用バケツ

旧鹿本町では、家畜排せつ物および生ごみの再資源化施設として二〇〇四年に「鹿本町バイオマスセンター」（合併後に「山鹿市バイオマスセンター」と改称。以下、本書では「バイオマスセンター」と表記する）を建設した。ここではバイオマスセンターを核とした資源循環の仕組みを紹介する。

バイオマスセンターでは、旧鹿本町内の畜産農家から発生する乳牛ふん尿、肉牛ふん尿、豚ふん尿と、旧鹿本町内の家庭系生ごみ、事業系生ごみ（焼酎粕）を処理対象としている。

家庭から排出される生ごみ収集の方式は、第1章で紹介した大木町とほぼ同様である。家庭系生ごみは、各家庭において専用バケツで水切りしたものを、所定の収集日にごみ収集所に設置されている生ごみ用バケツに投入する。収集所は約二二〇カ所あり、農村部では公民館などにバケツを複数設置、市街地では細かく収集所を設けて戸別収集に近いかたちをとるなど、地域によって収集所の設置方法を工夫している。収集は週二回おこなわれる。収集日の前日夕方にバケツが設置され、収集日の朝、委託業者が各ステーションから生ごみが入ったバケツを収集しバイオマスセンターに搬入する。生ごみの排出は無料で、合併を機に二〇〇五年度から有料指定ごみ袋が導入されたため、生ごみ分別に対する経済的メリットが生まれた。

家畜排せつ物と事業系生ごみの施設への運搬は、基本的には排出者自らがおこなっている（一部の家畜排せつ物と事業系生ごみの回収・運搬は施設が受託している）。畜産農家は自らが所有するバキューム車を用いるか、施設から収集コンテナまたはトラックを借用してふん尿を持ち込む。運搬費用を支払って施設に収集運搬を委託することもできる。

生ごみを排出する事業者と家畜排せつ物を排出する畜産農家が負担する処理手数料は、表4-1のとおりである。事業系生ごみの処理手数料を高めに設定することで、施設の収入額を増やす工夫がされている。家畜排せつ物の処理手数料については、役場と畜産農家が何度も話し合いを重ね、畜産農家の経営を圧迫しないギリギリの料金が設定された。処理手数料が低い代わりに、液肥の散布作業に畜産農家が協力するなど役割分担をして、施設の運営コストを圧縮する工夫がなされている。

バケツ収集の様子

表4-1　事業者負担の処理手数料

区　分		金　額
施設等使用料	家畜排せつ物	300円／t
	家畜排せつ物（要水分調整）	400円／t
	事業系生ごみ	10円／kg
	収集コンテナ（大）	4,500円／台・月
	収集コンテナ（中）	3,900円／台・月
	収集コンテナ（小）	3,400円／台・月
	ダンプトラック	100円／t
運搬・散布手数料	家畜排せつ物収集運搬	200円／t

出所：山鹿市資料より著者作成

バイオマスセンターでは、含水率に応じて堆肥化とメタン発酵の二つの処理ラインを設けている。水分を多く含む生ごみはメタン発酵、水分が少ない肉牛ふんは堆肥化される。家畜排せつ物のなかでも含水率の高い乳牛ふん尿と豚ぷんは先に固液分離し、固形分を堆肥化施設に、液分を前処理した生ごみと合わせてメタン発酵槽に送る。こうすることで、メタン発酵の処理ラインにかかる負荷を減らすことができ、発酵後の消化液に残る固形分が少ないため液肥として利用しやすい状態になる。

メタン発酵槽は二槽式の中温発酵槽である（三七℃・一四〇〇㎥）。メタン発酵により得られたバイオガスは、脱硫後に重油と混焼して発電し、余熱で温水をつくり発酵槽の加温に利用している。発電した電力はすべて施設内消費で、売電はしていない。発電機は一〇〇kW×二基が備えられているが、現在はいず

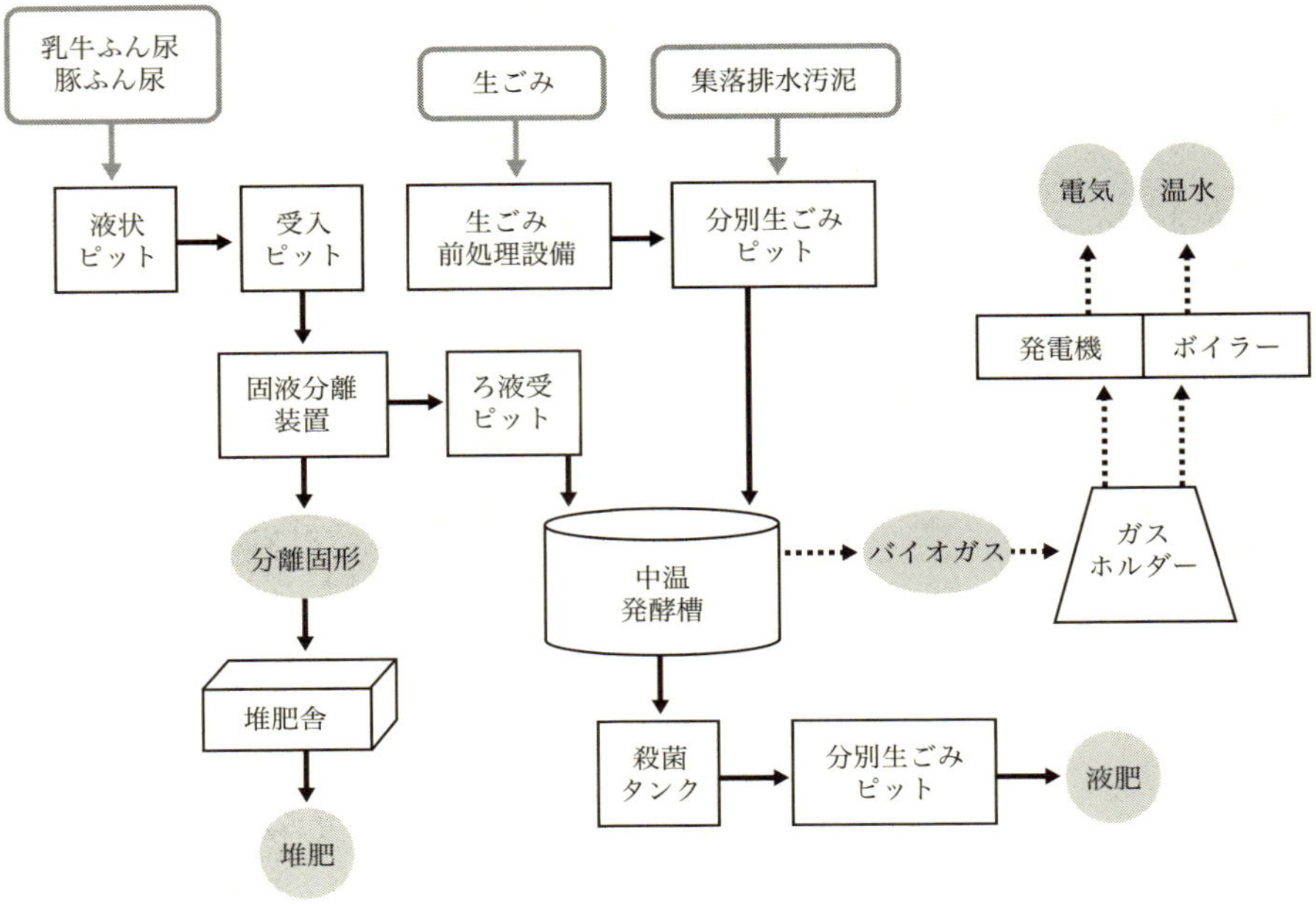

図4-3　バイオマスセンターの処理フロー

れか一方のみを交代で利用している。一日を通して電力負荷の平準化を図っており、余剰電力が発生しない設計になっている。

メタン発酵消化液は、全量が液肥として農地還元されている。施設内には約半年分の液肥を貯留できる貯留タンクが備えられている。液肥の利用方法は、後に詳しく述べる。

乳牛ふん尿と豚ぷんを固液分離した後の固形分は、好気性発酵により堆肥化される。堆肥舎は生物脱臭槽を兼ねており、生ごみ受入ピットおよび家畜排せつ物受入ピットから生じる臭気が発酵槽に送られ、臭気成分のアンモニアが堆肥に吸着されることで、肥料成分に富む堆肥を製造していることが特徴の一つである。

年間約二七〇〇t製造される堆肥は、市内のみならず市外の農家でも利用されている。山鹿市に隣接する植木町ではメロンのハウス栽培が盛んだが、バイオマスセンターの堆肥はこのような施設園芸農家にとても人気が高い。

投入物の性状に応じてメタン発酵と堆肥化に振り分け、液肥と堆肥を製造することで土地利用型作物から施設園芸までカバーする。まさに適材適所ともいうべきバイオマスセンターのシステムである。

●バイオマスセンターの導入経緯

バイオマスセンターの事業化は、合併前の旧鹿本町において検討が開始されている。鹿本町がバイオマスセンターの建設に踏み切った最大の理由は、家畜排せつ物法の完全施行を控えていたにもかかわらず、畜産農家における家畜排せつ物の適正処理がすすまないことであった。完全に発酵していない堆肥や生ふんを野積みにすることで悪臭が発生したり、周辺の土壌や地下水が汚染されたりするなど、畜産農家と周辺住民との間にトラブルが発生することもあった。

一方で畜産農家が良質な堆肥を製造しても、耕種農家に売り込むことは困難であり、耕種農家は化学肥料に頼った農業生産をつづけているというジレンマがあった。そこで、町が家畜排せつ物を一元的に処理することで、畜産農家と耕種農家を仲介し、衛生の保持と環境保全型農業の振興を両立させようという考えから、施設の建設を決定した。

このとき、畜産農家と耕種農家だけが得をする施設では、町が負担して建設をすすめることに対して住民の理解が得られないと考えられた。そこで、生ごみを合わせて資源化することでごみ焼却にかかる経費と環境負荷を削減し、住民を巻き込んだ資源循環型のまちづくりをすすめようという基本的な方針が決定された。

事業の基本構想が検討されたのは、二〇〇〇年度から二〇〇一年度にかけてのことであった。鹿本町地域新エネルギービジョン策定事業のなかで、生ごみと家畜排せつ物からの有機肥料製造・エネルギー回収という基本構想を策定した。

二〇〇一年には、家畜排せつ物のメタン発酵に先行的に取り組んでいた京都府八木町（現・南丹市）の「八木バイオエコロジーセンター」を視察した。このとき八木町では、乳牛ふん尿や豚ぷんを直接メタン発酵させ、消化液になってからこれを固液分離し、固形分を堆肥化、液分を水処理・河川放流という処理フローを採用していた。そのため、消化液の脱水時に加える凝集剤の費用や、固液分離装置の電気代など水処理のためのコストが大きな負担となっていた。視察を通してこのことを知った鹿本町では、固液分離は処理フローのはじめにおこない、消化液は全量を液肥として農地還元する施設構成を採用した。

二〇〇二年度に鹿本町農林振興課を中心に「鹿本町バイオマスセンター推進委員会」を立ち上げ、企画課、福祉課を含めた検討をおこなって事業計画を策定した。二〇〇三年度に農林水産省のバイオマス利活用フロンティア整備事業に採択され、実施設計、用地買収・造成を経て二〇〇四年七月から建設工事が着工した。

事業推進に当たって、施設を利用する畜産農家で構成される利用者組合を組織した。家畜排せつ物の処理手数料については、この利用者組合と市の協議によって、個別処理施設を設置するより安価で、継続的負担が可能な料金が設定された。

この間、施設建設に当たり予定地周辺の住民から反対請願が出された。施設から臭気や汚水が出るのではないか、生ごみや家畜排せつ物を積んだトラックが往来するのに危険はないのかと、住民が不安を抱いたのだ。これに対し、当時の町長と担当者が反対を表明していた家庭を訪ね、事業の重要性と安全性に十分配慮することを丁寧に説明してまわった。最終的には地域住民と町が環境保全協定を結び、施設周辺の環境と安全を町が保障することで、建設に対する合意を得ることができた。この協定で施設から臭気を出さないことが求められていたために、八二ページで紹介したユニークな脱臭方法が考えられたのである。

消化液を全量農地還元することを前提とした（排水処理設備を設置しない）施設構成を採用したため、二〇〇三年から消化液の利用方法についても検討がおこなわれた。鹿本町ではし尿処理施設として好気性発酵による液肥化施設を利用していたことから、この液肥を用いて散布方法の検討などをおこなった。同様の施設でし尿を液肥化し、農地還元することに成功していた福岡県椎田町（現・築上町）の関係者を招いて交流し指導を仰ぐなど、液肥利用のノウハウを蓄積していった。このことにより、施設稼働当初よりメタン発酵消化液の液肥利用を普及することに成功した。

●水稲・麦・飼料作物と用途も多彩
——液肥の利用方法

バイオマスセンターは、堆肥と液肥の二つの有機肥料を製造・供給する施設として稼動している。ここでは資源循環の要ともいえる液肥の利用について述べる。

現在バイオマスセンターでは、年間約一万二〇〇〇tの液肥が製造されている。液肥は主に水稲、麦、飼料作物に散布されている。

液肥の利用申し込みは、鹿本町農業振興公社またはJAかもとで受け付けている。液肥自体の価格は無料だが、運搬・散布サービスの手数料として一t当たり五〇〇円と設定されている。水稲の場合、一〇a当たりの標準施用量は基肥で三・五t、追肥で一・五tとなっており、この基準と農家が申請した圃場面積に応じて散布量が決まる。なお、水稲の追肥にはリン酸肥料を添加した液肥の使用が推奨されており、この場合の運搬・散布手数料は一t当たり九〇〇円となっている。ちなみに、堆肥の運搬手数料は一t当たり三〇〇円、散布手数料は一t当たり一〇〇〇円となっている。

表4–2　液肥・堆肥利用にかかる手数料

メタン発酵液肥	運搬・散布	500円／t （リン酸肥料添加の場合）900円／t
堆肥	運搬 散布	300円／t 1,000円／t

出所：山鹿市資料より著者作成

　散布作業は、利用者組合に参加する畜産農家とバイオマスセンター職員がおこなっている。各農家からの申し込みはバイオマスセンターに集約され、利用者組合とバイオマスセンターの協議によって散布計画が組まれる。基本的には、センター周辺の圃場は利用者組合が、センターから距離がある圃場はセンター職員が散布作業を担当している。

表4–3　メタン発酵液肥散布の年間スケジュール

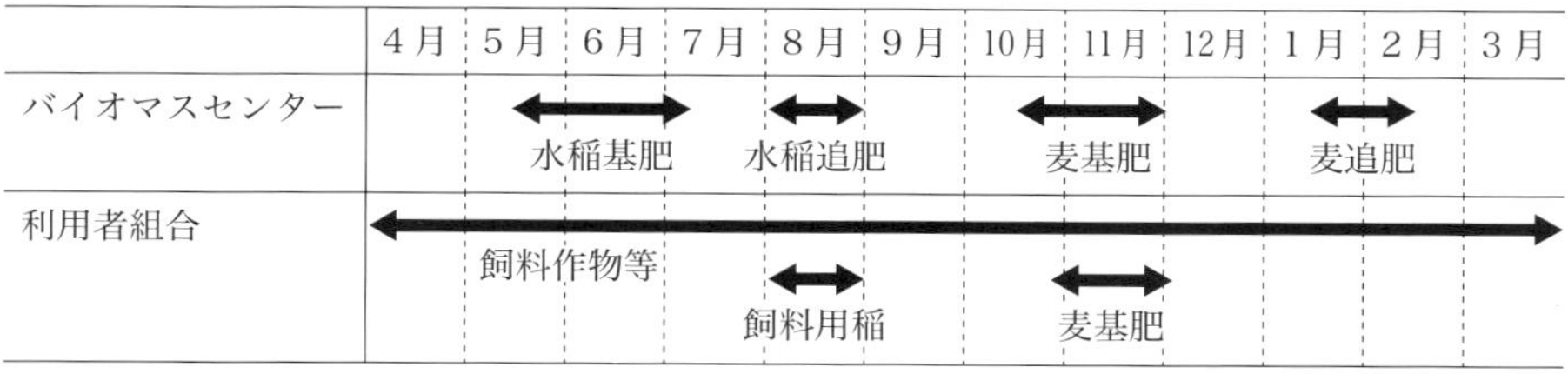

出所：岩下・岩田（2010）より著者作成

　メタン発酵液肥散布の第一のピークは、五月中旬から六月下旬にかけて水稲基肥として散布される時期である。これには主にバイオマスセンターが所有する液肥の専用散布車と畜産農家が所有するスラリースプレッダが用いられる。これにつづき、一部の農家では七月上旬の田植え後に流し込み方式での散布がおこなわれる。次に、八月上旬から下旬にかけて、水稲追肥が流し込み方式で散布される。

　第二のピークは十月中旬から十一月下旬にかけておこなわれる麦の基肥散布である。この後、一月中旬から二月中旬にかけて、麦の追肥散布がおこなわれる。麦に対しては、基肥で一〇a当たり三・五t、追肥で一・五tの標準施用量が定められている。

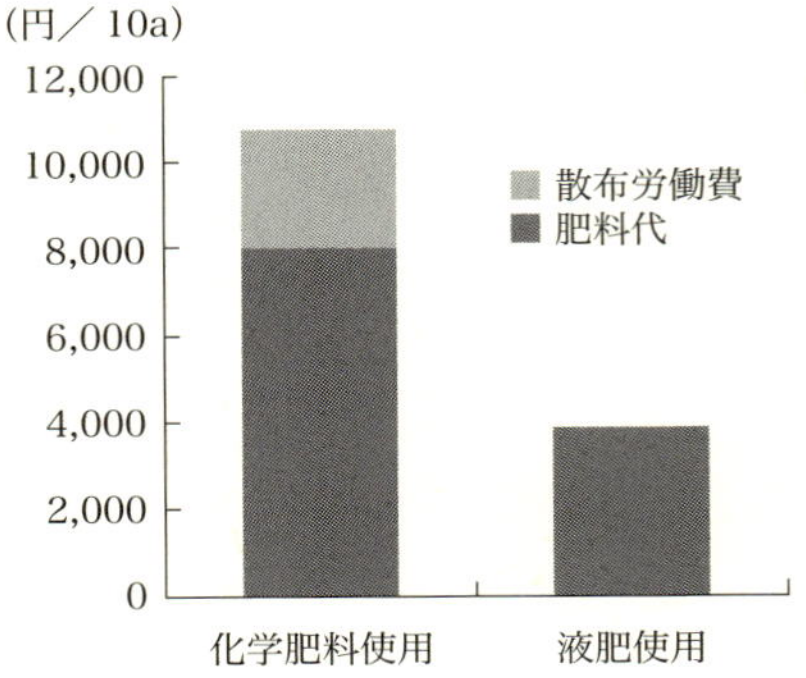

図4－4　水稲栽培における液肥と化学肥料のコスト比較

注：化学肥料を利用した場合（慣行農法）のコストは、「平成18年産米及び小麦の生産費」（農林水産省、2008年）に掲載されている10a当たり生産費と作業時間別労働時間を参照した。肥料代については、同資料の米の生産費における物財費のうちの「肥料費」とした。散布労働費については、直接労働における「基肥」および「追肥」の時間を肥料散布作業の時間であるとみなし、全投下労働時間に占めるその時間の比率を労働費のうちの「直接労働」の費用に乗じて求めた。

液肥使用の場合、基肥にリン酸添加液肥（900円／t）を3.5t、追肥に液肥のみ（500円）を1.5t使用するときの肥料代（実際には「運搬・散布手数料」）を算出した。

この他、八月上旬から下旬にかけて飼料用稲、年間を通して飼料作物等に散布される。これらは利用者組合が散布作業をおこなっている。

●安い肥料で高い米をつくる ――各種の「社会変換」の取り組み

メタン発酵消化液を液肥として農家に使ってもらうことは簡単ではない。行政の主導で導入されたメタン発酵施設は国内に現在三〇カ所ほどあるが、消化液の排水処理をせず全量を農地で利用している施設は、第1章で紹介した大木町と山鹿市以外にはない（実験施設として稼働し、小規模に利用している施設を除く）。

大木町では、液肥の利用を促進するためにさまざまな方策がとられているが、ここ山鹿市でも多くの工夫がなされている。

①価格設定

山鹿市では、液肥の利用による経済的メリットを大きく打ち出している。その一点目が、化学肥料との価格差を明確にした価格設定だ。

液肥の販売価格は無料で、散布手数料として一t当たり五〇〇円が設定されている。水稲の場合、基肥・追肥に液肥を使用しても一〇a当たりの肥料代は四〇〇〇円弱である。化学肥料を使用する場合、一〇a当たりの肥料代は年間約八〇〇〇円であるため、耕種農家は液肥を利用することにより肥料代を節減することができる。

また、液肥を利用するに当たって耕種農家がおこなう作業は、散布対象圃場にJAから配布される立て札（申込者の氏名と作物、圃場面積を記入する）を立てることと、流し肥の場合に水田の水位を調整しておくことのみである。自分で肥料を散布する手間が省ける点で、労働面でもメリットが大きい。肥料散布労働のコストを含めると、メタン発酵液肥を利用することによる耕種農家側のコスト削減効果は、一〇a当たり約六九〇〇円と試算される。

②国事業の活用による奨励金

液肥を利用する経済的メリットの二点目として、農林水産省が推進する「農地・水・環境保全向上対策」事業費を活用した農地直接支払いがある。この事業は、農地の環境を保全しながら環境保全型農業をおこなう農家または営農集落に対して奨励金が支払われるものである。この制度を活用し、バイオマスセンターで製造される液肥や堆肥を使用した環境保全型農業の実施に対して、稲作の場合は一〇a当たり六〇〇〇円、麦の場合は三〇〇〇円の奨励金を出している。

③環境保全型農業の推進

これらの経済的メリットだけでなく、町の農業そのものを環境保全型にシフトするための制度がある。

旧鹿本町では、町独自の有機認証制度として「『自然にやさしい農産物』認証制度」を運用していた。化学肥料と農薬の使用量削減や土づくりに関して、比較的容易な基準から段階的に取り組み、最終的にはＪＡＳ法による国の有機認証と同レベルをめざす仕組みである。店頭に並ぶ農作物に認証ランクを示すシールを貼ることができ、消費者にとっても選びやすい。

山鹿市はこの制度を引き継ぎ、現在でも独自の有機ガイドラインにもとづく認証制度を展開している。

山鹿市内にある道の駅「水辺プラザかもと」の農産物直売所には、認証シールと生産者の名前がついたさまざまな種類の野菜や米が並ぶ。農作物の価値を向上させ消費者にもアピールすることで、環境保全型農業への移行を促し、液肥や堆肥の利用拡大につなげている取り組みである。

また、液肥を使用して栽培した米は、慣行栽培の米より一俵当たり一〇〇〇円高い価格で買い取られている。ＪＡかもとの協力により、こうした差別化販売が実現した。農作物の評価が価格差としてあらわれることにより、耕種農家が液肥を使用する強い動機が生まれている。

●山鹿市の新たな展開
――焼却施設の稼働停止に向けて

現在は旧鹿本町区のみが生ごみ収集となっているが、これを山鹿市全域に拡大しようと検討がはじまっている。山鹿市が所有する焼却施設の使用期限が迫っているためだ。

山鹿市内には焼却施設が一カ所ある。ここで山鹿市内および広域処理をおこなっていた旧植木町（二〇一〇年十月、城南町とともに熊本市に編入された）から収集される可燃ごみの焼却処理がおこなわれている。しかし、焼却施設の立地地域住民との協定により、使用期限を過ぎた後は施設を撤去しなければならないことが定められている。その使用期限を二〇一一年度に迎えることとなり、さらに旧植木町の合併により、山鹿市は廃棄物処理体制の見直しを迫られている。

焼却施設を市内の別の場所に建設することは、非常に困難だ。用地確保も周辺住民の合意を得ることも、実現の見通しは厳しい。採りうる選択肢は、近隣で焼却施設を運営する自治体に可燃ごみ処理を委託することであった。

しかし、現在発生している可燃ごみをそのまま引き受けてもらえばよい、というわけにはいかない。ごみの量が多ければその分、委託費は大きな負担となる。より遠くにごみを運ぶことが必要なため、運搬コストも嵩んでしまう。

そこで、生ごみの収集範囲を全市に拡大することが検討された。検討に当たって、まず可燃ごみ処理方式として「溶融方式」と「焼却方式」の二種類を設定し、それぞれ以下の三つのケースについて試算がおこなわれた。

①生ごみの分別収集はおこなわない（すべて可燃ごみとして処理）

②生ごみを分別収集し、バイオマスセンターで資源化する

③生ごみを分別収集し、し尿・浄化槽汚泥も合わせてバイオマスセンターで資源化する

試算の結果、生ごみを分別収集し、し尿・浄化槽汚泥とともにバイオマスセンターで資源化、可燃ごみは焼却処理をおこなうケースが最もコスト減になることが示された。このケースでは、温室効果ガスの排出量が最も少なくなることも明らかになった。この結果を受けて、山鹿市は生ごみ分別の拡大とし尿・浄化槽汚泥とを合わせた資源化の実現に向けて、より詳細な検討をすすめていく方針を固めた。

また、五万八〇〇〇人の市民に生ごみ分別の普及啓発をしなければならない。細かく分別の説明や指導をすることは、行政職員にとって大きなハードルと感じられる。そのための布石、という意味もあり、山鹿市では市内の小学生を対象にした「ごみ分別授業」の取り組みを二〇〇九年からはじめている。

小学四年生が社会科で学習する内容には、ごみ処理についで学ぶ単元が含まれている。山鹿市は、この単元の授業で使えるようにとワークブックを作成し、市内の全校に配布した。ワークブックの内容は教科書に準拠している。地域の情報やデータを盛り込んでおり、教科書の進行に合わせてワークブックを活用することで、子どもたちが授業を通してごみ分別の方法や資源化の流れを学ぶことができるようになっている。

これは福岡県筑後市の取り組みに学んだ。

ワークブックの製作には、筆者（中村）のアドバイスで、市の教育委員会が全面的に関わった。製作委員会のメンバーに、社会科の授業方法について研究する「社会科部会」に所属する市内の教員が加わった。この体制により、教材として質の高い成果品ができあがっただけでなく、教育委員会が認めた教材として市内の学校に利用される「担保」ができた。「ごみ分別授業」によって子どもからごみ分別意識を高め、その家族、周辺地域へと広げていく狙いがある。

【注と参考文献】
大野和興『台所と農業をつなぐ』創森社、二〇〇一年。
菅野芳秀『土はいのちのみなもと　生ゴミはよみがえる』講談社、二〇〇二年。

第5章

生ごみ資源化の現状と課題
——全国の自治体へのアンケート調査結果から

自治体による生ごみ資源化事業は、目新しいものではない。日本ではじめて自治体の事業として堆肥化施設を整備し生ごみの資源化をおこなったのは神戸市であり、事業開始は一九五四年であった。それ以降、全国各地で類似の事業が展開されてきた。

本書のもととなった共同研究に参画していた和田真理は、二〇〇二年に文献・インターネット等から生ごみの堆肥化に取り組む全国の自治体の情報を集め、その事業の実施状況を取りまとめた。

この調査では、生ごみ資源化を実施中の事例が二九件、試行・計画・検討段階の事例が二六件確認された。一方で事業を中止した事例が一六件確認されており、主に一九八〇年代に開始された生ごみ資源化事業の大半が、一九九〇年代に入って中止されていたことが明らかになった。事業を中止した理由の八割が、施設の老朽化とごみ処理の広域化である（和田・佐藤、二〇〇八）。

この調査結果が示すように、自治体による生ごみ資源化事業は順調に発展してきたわけではない。

しかし現在、「ごみ減量」はすべての自治体にとって共通の課題である。

加えて、農林水産省が中心になって推進しているバイオマス利活用政策が、生ごみ資源化への追い風となっている。二〇一一年三月末には三〇三地区が「バイオマスタウン構想」を策定し、その多くに生ごみの資源利用に取り組むことが盛り込まれている。

そこで、自治体による生ごみ資源化の状況を把握し、これを進展させるための課題を明らかにするため、全国の自治体を対象にアンケート調査を実施した。

このアンケート調査は、長崎大学環境科学部中村修研究室と社団法人地域資源循環技術センターの共同研究の一部として実施した。

調査は、全国の一般廃棄物焼却施設の管理運営団体（市町村および一部事務組合）を対象としておこなった。対象となった九三一団体（市区町村五八二団体、一部事務組合三四九団体）に調査票を郵送配布し、回答は返信用封筒による郵送またはFAX、Eメールで受け付けた。調査期間は二〇一〇年十月一四日から同年十一月一三日までの一カ月間とした。

配布した調査票のうち、市区町村から二八一票、一部事務組合から二〇九票を回収した。記入漏れなどを除いた有効回収率は五二・六％であった。アンケート結果は、集計結果をまとめた資料を郵送した。

1 アンケート調査結果とその分析

調査票に記載した質問項目は、①焼却ごみ処理状況について、②生ごみ資源利用について、③し尿処理について、④回答者属性の四種六八項目である。ここではそのうち、特に興味深い結果が得られた項目について紹介する。

●生ごみ資源利用の取り組み状況

現在、モデル事業も含め生ごみの資源利用を実施している団体は、全体の一六・七％（八一件）であった。生ごみの資源利用を実施していない団体のなかで、過去に生ごみ資源利用を実施していた団体は、わずか一六件であった。大部分の自治体が焼却ごみ減量の必要性を認識していながらも、生ごみ資源利用には着手できていない現状が示された。

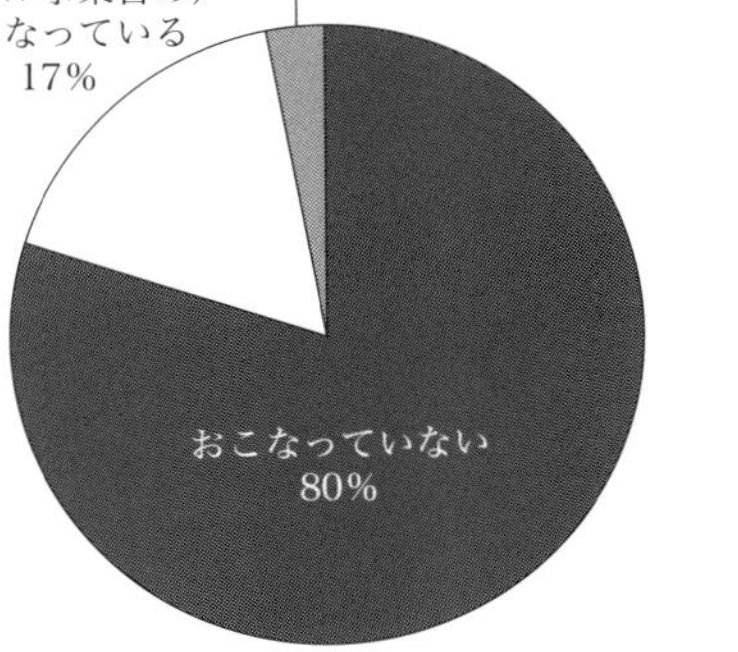

図5-1　生ごみ資源利用の取り組み状況

表5−1　事業中止の理由（複数回答有）

項　目	回答数
生ごみの収集量が多すぎたから	0
生ごみの収集量が足りなかったから	1
分別状況が良くなかったから	1
住民の関心が低かったから	1
人員が足りなかったから	0
施設運転経費の負担が大きかったから	3
悪臭の発生が深刻だったから	2
施設更新費用を確保できなかったから	0
資源化製品（堆肥等）の供給先が少なかったから	1
資源化製品（堆肥等）の質が良くなかったから	2
処理体制の変更があったから	2
その他	9

●過去の生ごみ資源利用について

過去に生ごみ資源利用を実施していた団体に、資源化方法や事業中止の理由について尋ねたところ、資源化方法としては「堆肥化（一一件）」が最も多く、次いで「メタン発酵（三件）」、「堆肥化＋メタン発酵（一件）」であった。

事業を中止した理由としては、「施設運転経費の負担が大きかったから（三件）」、「悪臭の発生が深刻だったから（二件）」、「資源化製品（堆肥等）の質が良くなかったから（二件）」、「処理体制の変更があったから（二件）」という理由があげられた。また、一件ずつの回答ではあるが「生ごみの収集量が足りなかったから」、「分別状況が良くなかったから」、「資源化製品（堆肥等）の供給先が少なかったから」、「住民の関心が低かったから」と回答した団体もあった。

「その他（九件）」と回答した団体のなかには、ごみ発電と比較して二酸化炭素排出量や全体経費の増加などの課題があったから、回収コストがかかったから、新たな施設整備が必要になったから、原料の安定確保・製品の安定供給に課題があったからなどの記述がみられたほか、モデル事業を終了し、本格事業に向けた検討をおこなうと前向きな回答をした団体もあった。

●今後の生ごみ資源利用について

生ごみの資源利用をおこなっていない団体に対して、将来的に取り組む（または過去におこなっていた事業を再開する）計画があるかどうかを尋ねた。すると、「新たに取り組む計画がある（二八件）」、「本格事業に発展させる（七件）」という積極的な姿勢をみせる団体がみられた。しかし、最も多い五七％（二二七件）の団体が「実施するか否かの検討をおこなっていない」と回答した。次に多かったのは「新たに取り組む予定はない（一三三件）」であった。大部分の自治体では、生ごみの資源利用を積極的に展開しようとする動きには至っていない。

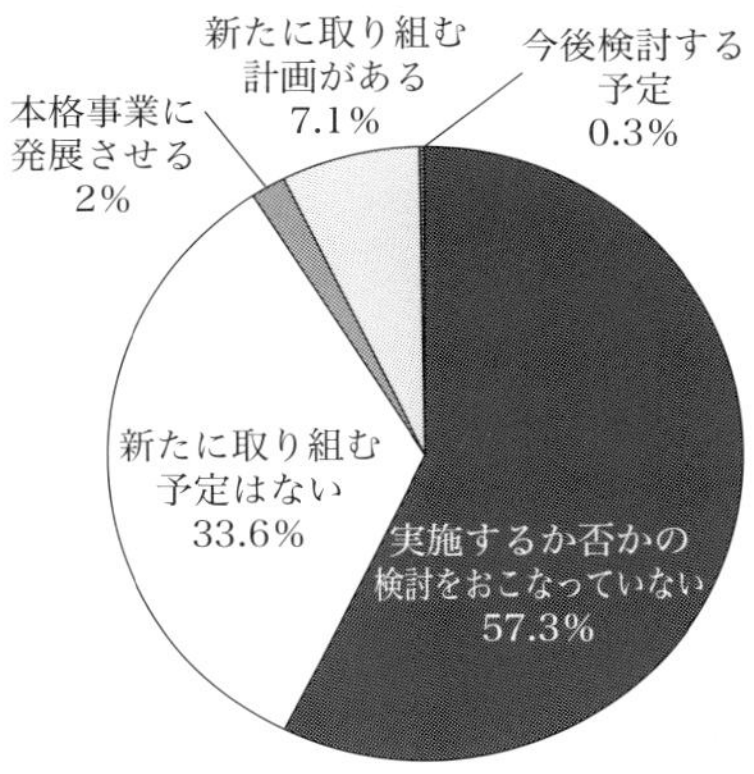

図5-2　生ごみ資源利用の将来計画

●現在の生ごみ資源利用について

現在、生ごみ資源利用に取り組んでいる団体（モデル事業も含む）に、その実施状況を尋ねた。

①事業実施期間

事業実施期間が最も短い団体で一年（三件）、最も長い団体で三一年（一件）であった。多くの団体が事業開始から一〇年以内であった。

②資源利用の方法

生ごみ資源利用の方法としては「堆肥化（七〇件）」が最も多く、次いで「メタン発酵（一〇件）」、「飼料化（三件）」であった。「その他（一〇件）」には、炭化、固形燃料化、ＢＤＦ化等が含まれる。また、これらの資源

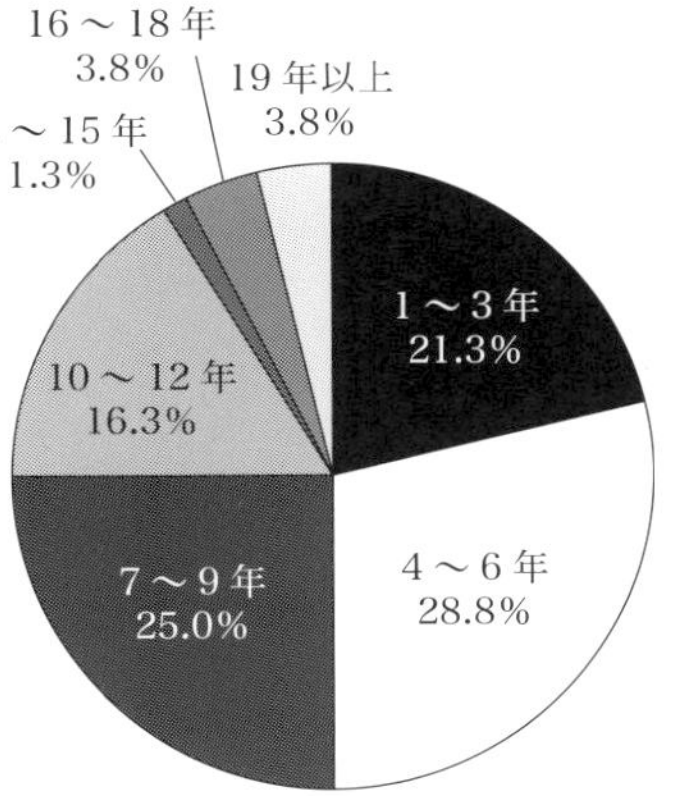

図5-3　生ごみ資源化事業の実施期間（n＝80）

化方法を組み合わせて実施している団体もみられた。

　生ごみ以外のバイオマスを混合している団体もある。その内容は、「汚泥（一二件）」、「家畜排せつ物（一一件）」、「農業残さ（八件）」のほか、剪定枝、木チップ、バーク、し尿等であった。

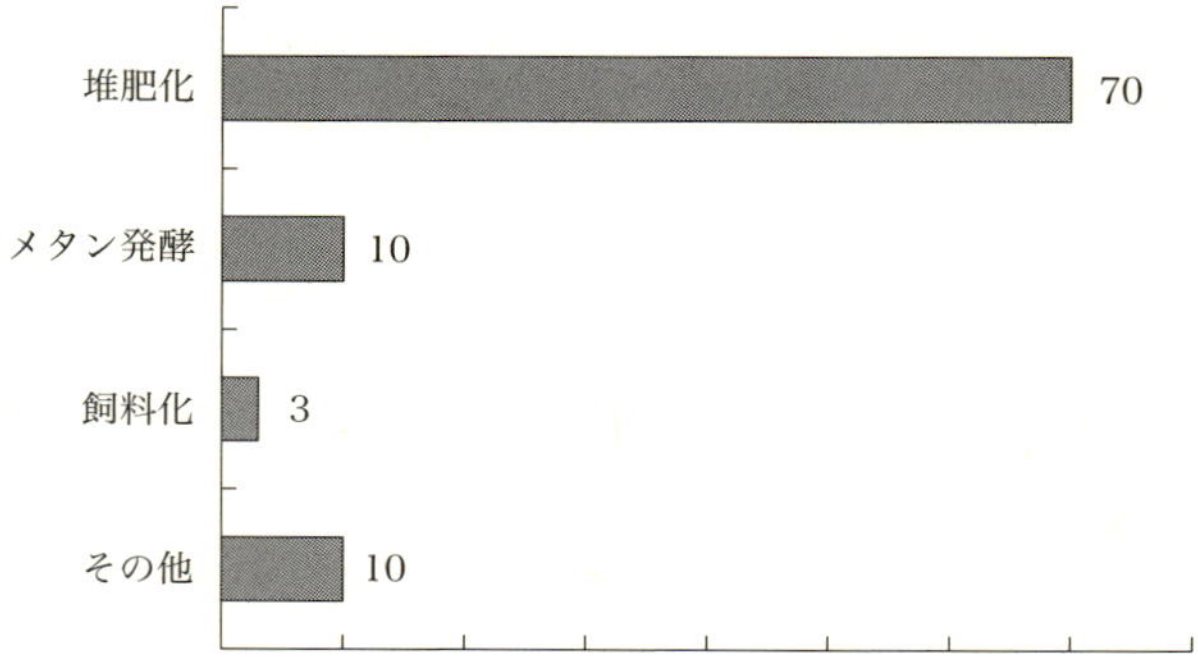

図 5−4　資源利用の方法（複数回答有）

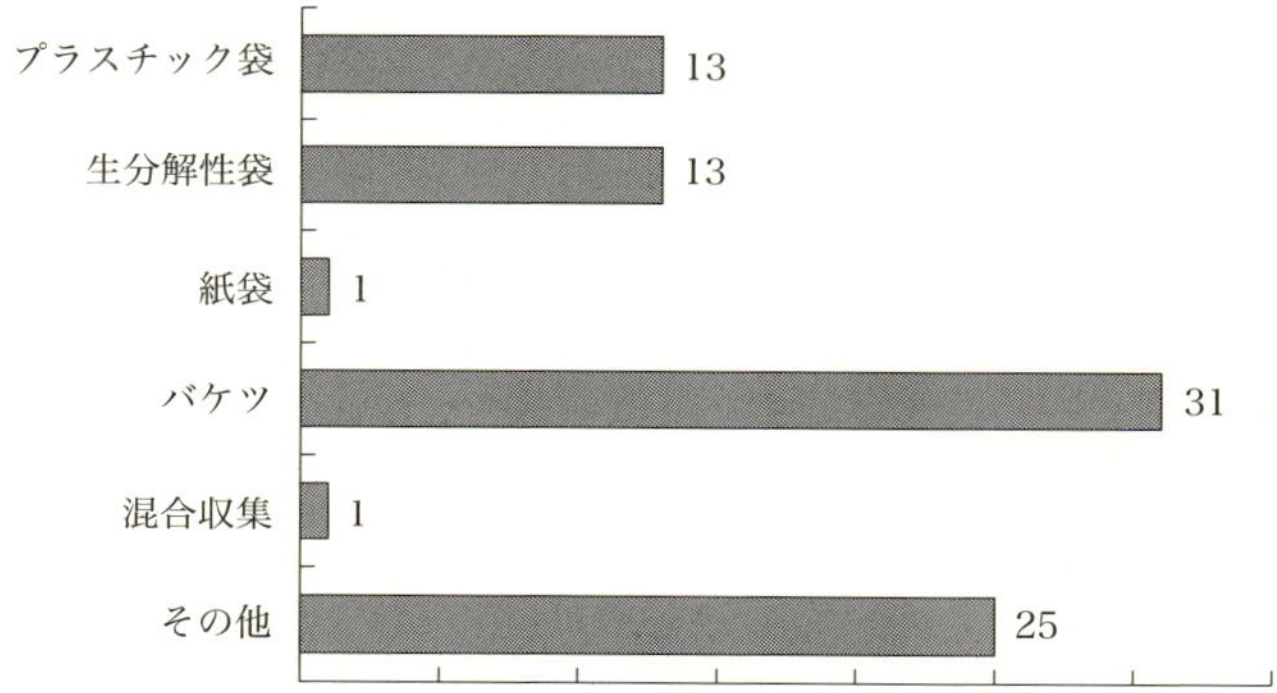

図 5−5　生ごみ収集の方法

③生ごみの収集方法

生ごみの収集方法と、その収集方法が選ばれた理由について尋ねた。

　最も多いのが「バケツ（三一件）」による分別収集だった。この収集方式が選ばれた理由としては、「水切りをしやすくするため」、「異物混入を防ぐため」、「（袋に比べて）容器の扱いがしやすいため」、「収集しやすいため」などがあげられた。

　次に多かったのが、「プラスチック袋（一三件）」および「生分解性プラスチック袋（一三件）」による分別収集であった。プラスチック袋を用いている理由は、「他のごみと収集体系を合わせるため」をあげる団体が多かった。可燃ごみや不燃ごみをプラスチック製の指定袋で収集している自治体が多いなか、生ごみもそれに近い方式で収集することで、生ごみ分別に対する住民の負担感を軽減することを図ったものと考えられる。

　一件のみではあったが、「混合収集後に施設にて機械選別」と回答した団体もあった。これは、住民は分別せ

表5-2　現在の収集方法を選んだ理由

収集方式	理　由
バケツ方式	・異物混入を防ぐため ・生ごみを堆肥化しやすいように水を切るため ・容器の処理を省力化するため ・袋と違い洗えば何度でも再使用できるため ・収集運搬が容易であるため ・袋で排出するとなると、カラスや猫の被害が想定されるため
袋方式	・生分解性の袋は、コスト高とはなるが、収集および処理の段階での煩雑さが一番少ないと判断したため ・他のごみと収集体系を合わせるため ・ごみ出しにかかる手間が少なく、排出者が生ごみ分別に協力しやすい方式であるため ・収集車に特別な改造等が不要で、収集作業が安全かつ簡単であるため

ずに出し、施設で機械的に生ごみを分ける方式である。また、「紙袋」による分別収集も一件の回答があった。

「その他（二五件）」には、事業所や学校給食調理施設等からの直接搬入のみを対象としているという回答が多かった。また、収集区域内に複数の生ごみ処理機や堆肥化装置を設置し、住民が直接装置に生ごみを投入している団体もあった。

●実施自治体と未実施自治体の意識の比較

①取り組み自治体の意識

生ごみ資源利用に取り組んでいる団体に、どのようなことが問題になっているかを尋ねた。

事業の課題となりうる一一項目（生ごみ収集量が多い／少ない、分別状況が良くない、住民の関心が低い、人員が不足している、資源化製品（堆肥等）の供給先が少ない、資源化製品（堆肥等）の品質が良くない、運転経費の負担が大きい、施設の更新経費の確保が難しい、施設の運転技術が不足している、処理体制の変更）に対し、それぞれ「まったく問題ではない」から「大いに問題になっている」の五段階で評価してもらった。

その結果、多くの団体が問題と感じているのは「施設

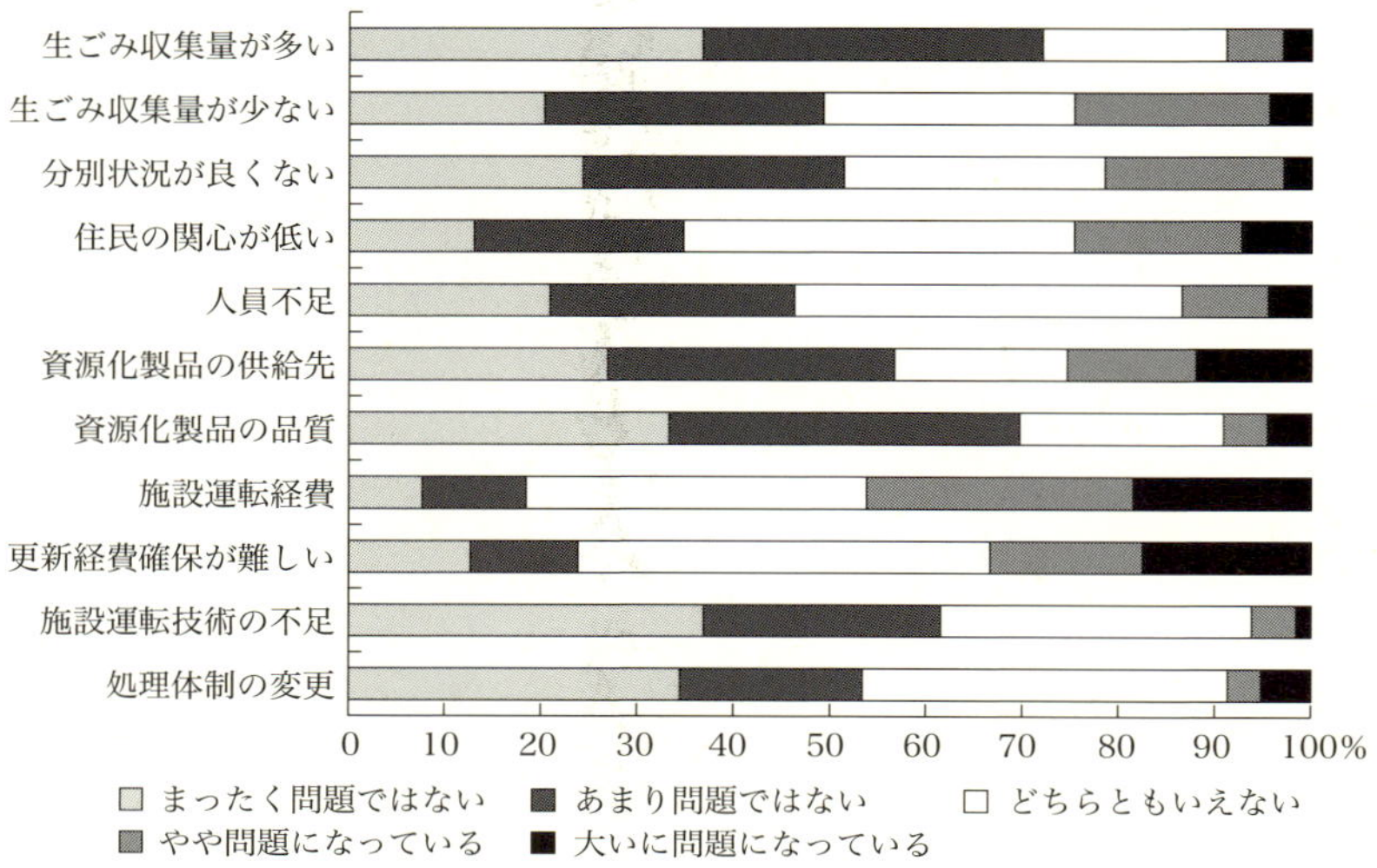

図5-6　生ごみ資源化事業で問題になっていること

の運転経費が大きい」、「施設の更新経費の確保が難しい」であった。事業の継続においては、経済性が大きな課題となっていることが明らかになった。

一方、「生ごみの収集量が多い」、「資源化製品の品質が良くない」、「施設の運転技術が不足している」といった日常の施設運用に関する項目については、問題なしと回答した団体の割合が高かった。

②取り組み未実施自治体の意識

生ごみ資源利用を実施していない団体には、仮に生ごみ資源化事業を実施するとした場合にどのようなことが問題になると思うかを尋ねた。

設問は取り組み自治体に対して尋ねた項目と同じ一一項目（ただしイニシャルコストを示す施設の更新経費については「建設費」と読み替えた）に、「参加市町村の足並みがそろわない」を追加した一二項目とした。

その結果、「生ごみの収集量が多い」、「生ごみの収集量が少ない」、「参加市町村の足並みがそろわない」、「処理体制の変更」を除くすべての項目で、「大いに問題になる」と「やや問題になる」と回答した団体の割合が五〇%を超えていた。

半数以上の団体が「大いに問題になる」と回答し強い

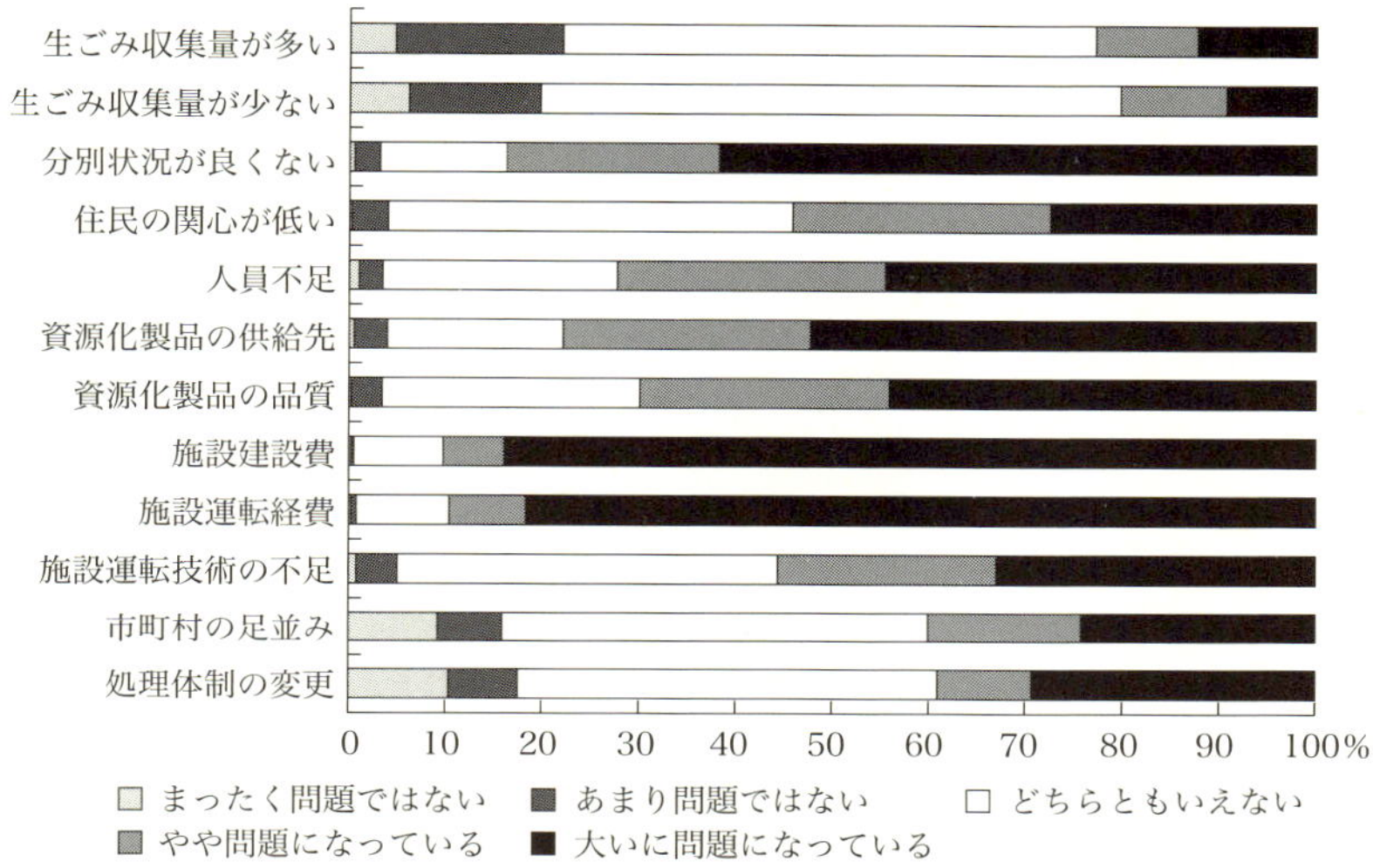

図5-7　生ごみ資源化事業をおこなう場合に問題になると思うこと

懸念を示した項目は、「施設の建設費（八三・九％）」、「施設の運転経費（八一・六％）」、「分別状況が良くない（六一・八％）」、「資源化製品の供給先（五二・二％）」であった。

③取り組みの有無による課題意識の比較

次に、生ごみ資源利用に取り組んでいる団体と取り組んでいない団体との間で、課題と感じる項目に差があるのかをみた。両者に共通する一〇項目の設問について、五段階の評価を点数化し（大いに問題になっている／大いに問題になる＝五点、やや問題になっている／やや問題になる＝四点、どちらともいえない＝三点、あまり問題ではない／あまり問題にならない＝二点、まったく問題ではない／まったく問題にならない＝一点）、それぞれ平均を求め、取り組みの有無によって平均点に差があるのかをt検定によって検討した（t検定とは、二つの集団のそれぞれの平均値の差について、偶然に生じた差であるか本物の〈有意の〉差であるかを明らかにするための検定）。

生ごみ資源化を「実施中」のグループでは、平均値が最も高い、すなわち課題意識が強い項目は、「施設の運転経費（三・三八）」だった。逆に課題意識が最も低

表 5-3　生ごみ資源化に対する課題意識の比較

生ごみ資源化の課題	資源化取り組み状況	N	平均値	標準偏差	t 値	自由度	有意確立(両側)	平均値の差
生ごみの収集量が多い	未実施 実施中	376 68	3.08 2.03	0.980 1.036	8.08	442.00	0.000	1.053
生ごみの収集量が少ない	未実施 実施中	370 69	3.03 2.59	0.931 1.155	2.94 *	85.26	0.004	0.433
分別状況が良くない	未実施 実施中	377 70	4.42 2.49	0.853 1.139	13.50 *	83.96	0.000	1.931
住民の関心が低い	未実施 実施中	370 69	3.78 2.84	0.908 1.093	7.59	437.00	0.000	0.935
人員不足	未実施 実施中	370 67	4.13 2.51	0.933 1.064	12.79	435.00	0.000	1.620
資源化製品（堆肥等）の供給先	未実施 実施中	374 67	4.25 2.54	0.910 1.341	10.07 *	77.25	0.000	1.717
資源化製品（堆肥等）の品質	未実施 実施中	374 66	4.10 2.11	0.925 1.069	15.80	438.00	0.000	1.998
(施設の建設費)	未実施 実施中	375 –	4.73 –	0.657 –	–	–	–	–
施設の運転経費	未実施 実施中	371 65	4.70 3.38	0.686 1.141	9.00 *	72.31	0.000	1.313
(施設の更新経費)	未実施 実施中	– 63	– 3.14	– 1.216	–	–	–	–
施設の運転技術が不足している	未実施 実施中	371 65	3.82 2.09	0.969 1.011	13.21	434.00	0.000	1.732
(参加市町村の足並みがそろわない)	未実施 実施中	342 –	3.38 –	1.187 –	–	–	–	–
処理体制の変更	未実施 実施中	343 58	3.39 2.26	1.263 1.133	6.40	399.00	0.000	1.132

注 1：生ごみ資源化を実施している団体のみを対象とした項目「施設の更新経費の確保が難しい」と、実施していない団体のみを対象とした項目「施設の建設費」、「参加市町村の足並みがそろわない」は検定の対象から除外した。

注 2：t 値の「＊」は等分散を仮定しない結果を示す。

かったのは、「生ごみの収集量が多い（二一・〇三）」だった。一方、生ごみ資源化を「未実施」のグループでは、「施設の建設費（四・七三）」に対する課題意識が最も高く、課題意識が最も低かったのは「生ごみの収集量が少ない（三・〇三）」であった。

また、平均値を比較したすべての項目において「未実施」のグループの平均値のほうが高く、平均の差に有意差がみられた（p＜〇・〇五）。つまり、生ごみ資源化に取り組んでいない団体は、実施中の団体に比べ、すべての項目でより強い課題意識を示したということである。

特に、「資源化製品の品質」や「分別状況が良くない」に関しては平均値の差が大きく、生ごみ資源化に対するイメージと事業運営の実際には、ギャップがあることが示された。

2 アンケート結果からみえるもの

このアンケート調査の結果から、生ごみ資源利用に対する自治体の取り組み状況と意識がみえてくる。

●ごみ減量に関心があるのに、生ごみ資源化に消極的

ごみ減量に対する自治体の関心は高いが、生ごみ資源化に実際に取り組んでいる自治体はわずか一六・七％であった。今後も実施する予定はない、実施の検討をおこなっていないとした回答を合わせると九割以上にのぼり、多くの自治体が生ごみ資源化に消極的であった。

ごみ減量には、可燃ごみ重量の四〇％以上を占める生ごみの資源化が重要な課題になるが、六割近くの自治体が生ごみ資源化の検討すらおこなっていなかった。

市町村は一般廃棄物処理基本計画を策定し、これを五年ごとに改定することが義務づけられている。つまり、五年ごとにごみ処理の方向性を検討する機会があるのだが、この機会に生ごみ資源利用の可能性について検討されることは少ない。

生ごみ資源化の検討をおこなうための動機づけが外部から与えられないというのも大きな理由であろう。

●生ごみ資源化事業の課題は経済的側面での工夫

生ごみ資源化に取り組んでいる自治体が考える最大の

課題は、運転経費の負担が大きいことである。同じ理由で事業を中止した自治体も多い。また事業をおこなっていない自治体も、運転経費の負担を強く懸念している。施設の建設費、更新費用の確保も大きな課題である。

ただ、経済性についてはいくつかのヒントがある。

山鹿市のように、事業系生ごみの処理手数料によって収益性を向上させる工夫をしている施設もある。また、生ごみとし尿・浄化槽汚泥を合わせて資源化することで、全体として廃棄物処理コストを削減できる。生ごみ資源化を単独の事業として捉えるのではなく、複数の手法・事業と組み合わせることで、経済的課題をクリアできる可能性は十分にある。しかしそのためには、従来の廃棄物処理行政だけでなく、分野横断的な検討組織が必要だ。

●実施自治体では問題視していない事柄に未実施自治体ほど懸念

生ごみ資源化事業に関する課題について、事業を実施している自治体と未実施の自治体を比較した。実際に事業に取り組んでいる自治体は、生ごみ資源化事業の課題になると思われる事柄について、多くの項目で「まったく問題ではない」、「ほとんど問題ではない」と答えたのに対し、未実施の自治体は総じて強い課題意識をもっていることが明らかになった。これは、取り組みをしていない自治体ほどさまざまな不安を抱いていることを示している。

生ごみ資源化事業に取り組む多くの自治体は、まず一部の世帯のみを対象にしたモデル事業からスタートしている。小規模な社会実験を重ねながら、地域にあったシステムをつくり上げていた。はじめは生ごみ分別を面倒だと感じていた住民が、モデル事業に参加したことで意識が変わり、負担感なく継続できているという例は多い。まずは小規模でもモデル事業を試みることは、循環の仕組みを構築するための大きな一歩である。

【注と参考文献】
和田真理・佐藤廉也（二〇〇八）「地球で資源循環型社会を目指す取り組みとしての生ごみリサイクル事業―全国的趨勢と問題点の検討―」『比較社会文化』第一四巻、八九―一〇四ページ。

第6章

生ごみ資源化の「手法」
――計画立案の仕方から、分別維持の啓発、液肥の活用促進策まで

1 生ごみ資源化に取り組むまでの準備・計画立案

ここでは、本書で紹介した自治体に加え、筆者らのグループが調査したその他六自治体の生ごみ資源化事業をもとに、事業化までにおこなわれた準備作業や計画立案のプロセスについて紹介する。

●生ごみ資源化の議論の巻き起こし方

生ごみ資源化に取り組むことは、自治体のこれまでの廃棄物処理のあり方を大きく変える。その実現には大きなエネルギーを要するが、地域で生ごみ資源化に関する議論の巻き起こし方としては、大きく二つが考えられる。

①廃棄物処理に関わる問題の発生

多くの自治体にとって、従来の廃棄物処理に関して問題が生じたことが、生ごみ資源化を検討する直接的な動機として作用している。大木町の場合は、し尿の海洋投棄が禁じられたことが生ごみ資源化検討の最大の理由であった。滝川市は、焼却施設のダイオキシン問題から生じたごみ処理広域化が契機となった。倉敷市（旧船穂町）では、埋立処分場の衛生問題が背景にあった。

自治体が抱える課題は、家庭ごみなどの一般廃棄物だけではない。山鹿市のように畜産業が盛んな地域では、家畜排せつ物処理の課題を解決する方策として資源化施設の導入が決まり、そこに生ごみ資源化を抱き合わせるかたちで検討がはじまった事例もある。このような廃棄物処理に関わる問題が発生したところから議論を起こす

ことは、自然である。

②地域農業の再生・振興

ごみ処理のためではなく、循環型農業の推進によって地域農業を活性化する方策としている自治体もある。長井市では、農業が疲弊し地力も低下していることが市民から指摘され、良質堆肥の地域内自給によってこれを回復することをめざした。廃棄物処理の課題を抱えていた自治体でも、大木町、山鹿市のように農業振興との二本柱で検討をすすめている事例が多い。

地域農業の再生・振興をめざした自治体では、環境保全型農業をいかに普及していくか、堆肥や液肥を使用した農産物をどう差別化して販売していくかについて、計画段階から合わせて検討することが多い。

循環事業のいいところは、生ごみ処理、し尿処理、農業振興を一つのわずかな予算で実施できることである。この視点で取り組むことで、低予算で効果的な事業となる。すでにみてきたように、①の問題の発生から一歩ふみ込んで、地域農業の再生・振興策として問題提起し、議論を巻き起こすことが望ましい。

事業化の検討
——体制、予算、住民との関係づくりをどうするか

①行政内部の体制

生ごみ資源化事業の検討は、主に環境衛生担当部局か農政担当部局が担当することが多い。いずれか一方、または初期段階から両方を含むプロジェクトチームを結成して検討に当たった自治体もある。

廃棄物処理の問題解決が中心課題だった自治体では環境衛生部局が、家畜排せつ物処理問題や農業振興が中心課題だった自治体では農政部局が検討の中心になることが多い。

今後は、環境行政と農政の両方を兼ねた「資源循環」あるいは「循環型社会推進」といった課や係を立ち上げることが望ましい。

②事業可能性調査、計画立案の予算

比較的早い段階で生ごみ資源化を実施した自治体では、独自予算で事業可能性調査や計画立案をおこなっていたが、近年は国庫補助事業を活用してビジョン策定からスタートした自治体もある。大木町や山鹿市などがそれである。両自治体とも二〇〇〇年（平成十二年）に

「地域新エネルギービジョン」を策定し、メタン発酵施設の検討をスタートさせた。[1] メタン発酵の場合はエネルギー回収という側面もあるため、経済産業省が主導する新エネルギー導入普及の枠組みでビジョン策定や事業可能性調査のための補助事業を活用することができたのである。この他、バイオマス利活用の推進が政策的な位置づけを強めたことで、二〇〇五年以降は農林水産省を中心にバイオマス利活用のための計画策定や施設整備のための補助事業が活用できるようになった。[2]

しかしこうした補助事業は、国による政策方針の転換によって打ち切られることがある。[3] 国の予算に左右されず自治体が独自で検討をおこなうには、法により策定が義務づけられている一般廃棄物処理基本計画において、生ごみ資源利用に関する検討を含めることが大切である。

③住民との関係づくり

市民の提案がきっかけとなった長井市を除いては、生ごみ資源化は行政の主導でおこなわれた。生ごみ資源化のためには、混合収集の場合を除いては住民が生ごみをきちんと分別することが大前提となる。また、堆肥や液肥の利用について理解を求めることも必要だ。そのために、計画段階から住民を巻き込み、住民との協働でシステムを構築していくことが求められる。

長井市では、生ごみ資源化による有機性資源の循環というシステムは住民の発案から生まれ、住民はさまざまな活動、事業を展開してきた。

大木町は従来から活動していた住民団体を活用したかたちだ。もともと住民組織が活発だった大木町では、「あーすくらぶ」という住民団体が省エネやリサイクルの取り組みをおこなっていた。二〇〇〇年度からはじまった新エネルギービジョンの策定時に、策定委員にあーすくらぶのメンバーを加え、基本方針の検討から意見を取り入れる体制をとった。翌年度から生ごみ分別方法を検討するためのモデル事業がおこなわれたが、モデル地区での実証とその成果の検証には、あーすくらぶのメンバーが大きく関わった。もともと地域で活動していた団体を事業推進に取り込むことで、彼女らのアイデアやパワーを引き出し、循環システムの構築に反映した。彼女らが行政とその他の住民をつなぐ役割を果たし、「住民の手でつくり上げた循環システム」という認識を広めた。

大木町の取り組みは長井市に学んだものであるが、長井市の「市民主体」と大木町の「住民との協働」は似ているようで異なる。

表6-1　事業化に向けた検討事項

ハード面（施設整備）	ソフト面（社会システム）
・資源化技術の種類 ・立地、用地取得 ・プラントメーカー ・生ごみ分別ルール（資源化不適品の特定） ・臭気、排水対策 ・製品保管方法（ストックヤード・貯留槽） ・生ごみ収集車両 ・堆肥／液肥運搬車両、散布車両 ・（メタン発酵の場合）売電の有無	・生ごみ分別収集方法 ・生ごみ分別収集に関する住民説明 ・生ごみ排出への住民負担金の有無 ・堆肥／液肥の肥料登録 ・堆肥／液肥の成分分析、成分調整 ・製品販売価格 ・製品用途、使用方法（施肥基準、栽培暦） ・堆肥／液肥利用農産物の差別化販売 ・堆肥／液肥利用農産物の学校給食利用 ・循環事業に関する学習プログラム

生ごみ収集から液肥の散布、社会変換業務などは日常的な業務である。これらの日常業務を市民が主導したのが長井市で、行政が担ったのが大木町である。

社会システムとしては、市民のボランティア活動よりも行政職員の業務として展開するほうが安定している。

循環事業が立ち上がってしまえば、市民はむしろ、循環事業の評価、さらなる提案という立場に移行するほうが、市民と行政の役割上も合理的だと考える。

●事業化検討のスケジュール

生ごみ資源化の検討と一口にいっても、さまざまな事項について決定する必要がある。施設整備に関わるもの（ハード面）としては、資源化方法の選択から用地取得、プラントメーカーの選定、臭気・排水対策や製品保管庫など付帯設備の仕様、生ごみ収集や堆肥・液肥の運搬散布車両など、社会変換に関わるもの（ソフト面）としては生ごみ分別収集方法や堆肥・液肥の販売方法、利用促進策に至るまで、検討しなければならない要素は非常に多岐にわたる。

多くの自治体では、事業の発案から施設整備までに二年ていどの時間をかけ、この期間で表6－1に示すような事項について検討をおこなっている。最も短い期間で施設着工に漕ぎつけたのは倉敷市（旧船穂町）である。自治体の規模が小さく、町長が強力なリーダーシップを発揮したため、このような短期間での事業実現が可能になった。大木町は逆に準備期間が最も長く、地域新エネルギービジョン策定等事業を活用した基本構想の策定に二年、生ごみ分別や液肥利用のモデル事業に三年を費やしている。これは、はじめから生ごみ分別を全町域でおこなうことにしていたこと、生ごみの液肥化は国内にほとんど事例がなく、町内で活用できる技術かどうかを見極めたいという思いがあったことが背景にある。

生ごみ資源化の基本構想が定まると、施設整備のためにプラントメーカーを選定する。

業者選定に際しては、自治体の構想に沿った施設の仕様をメーカーに提案させるプロポーザル方式を採用した自治体が複数みられた。このとき提案された施設の仕様は、長期にわたって自治体の廃棄物処理体制や財政に影響をあたえる。また、施設の運用がはじまってからも、機器トラブルなどさまざまな場面でプラントメーカーと関わることになるので、業者選定は非常に重要である。

山鹿市では、施設運転開始から一〇年間のランニングコストの見積もりもあわせて提出させ、評価の対象とした。国内外の先行事例に学び、どのような施設構成ならば無駄なコストを削減できるのか検討を重ねて業者選定に臨んだという。他にも、担当職員だけでなく首長や住民とともに国内外の関連プラントを視察してまわった自治体もある。

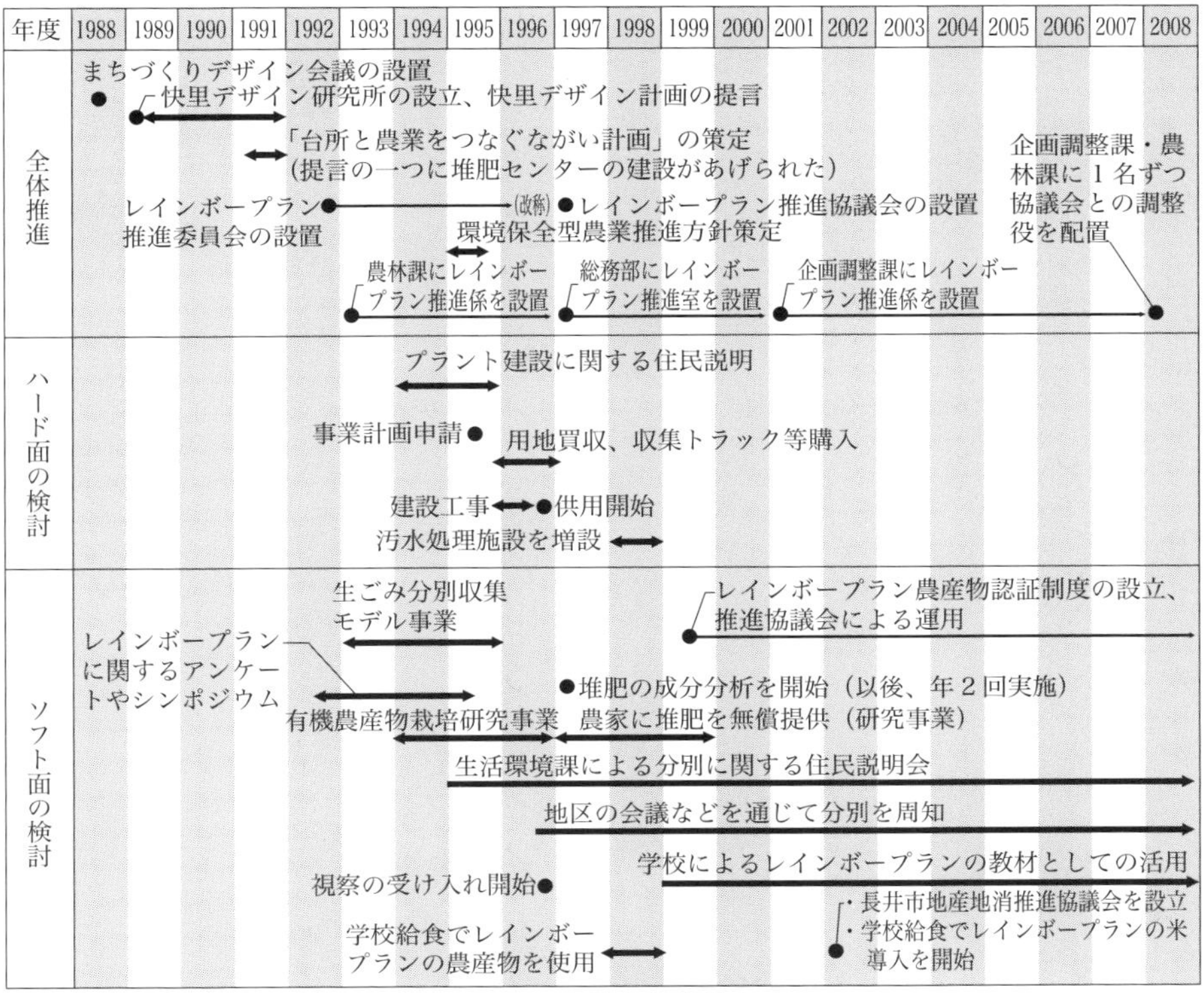

図6-1　長井市事業化年表

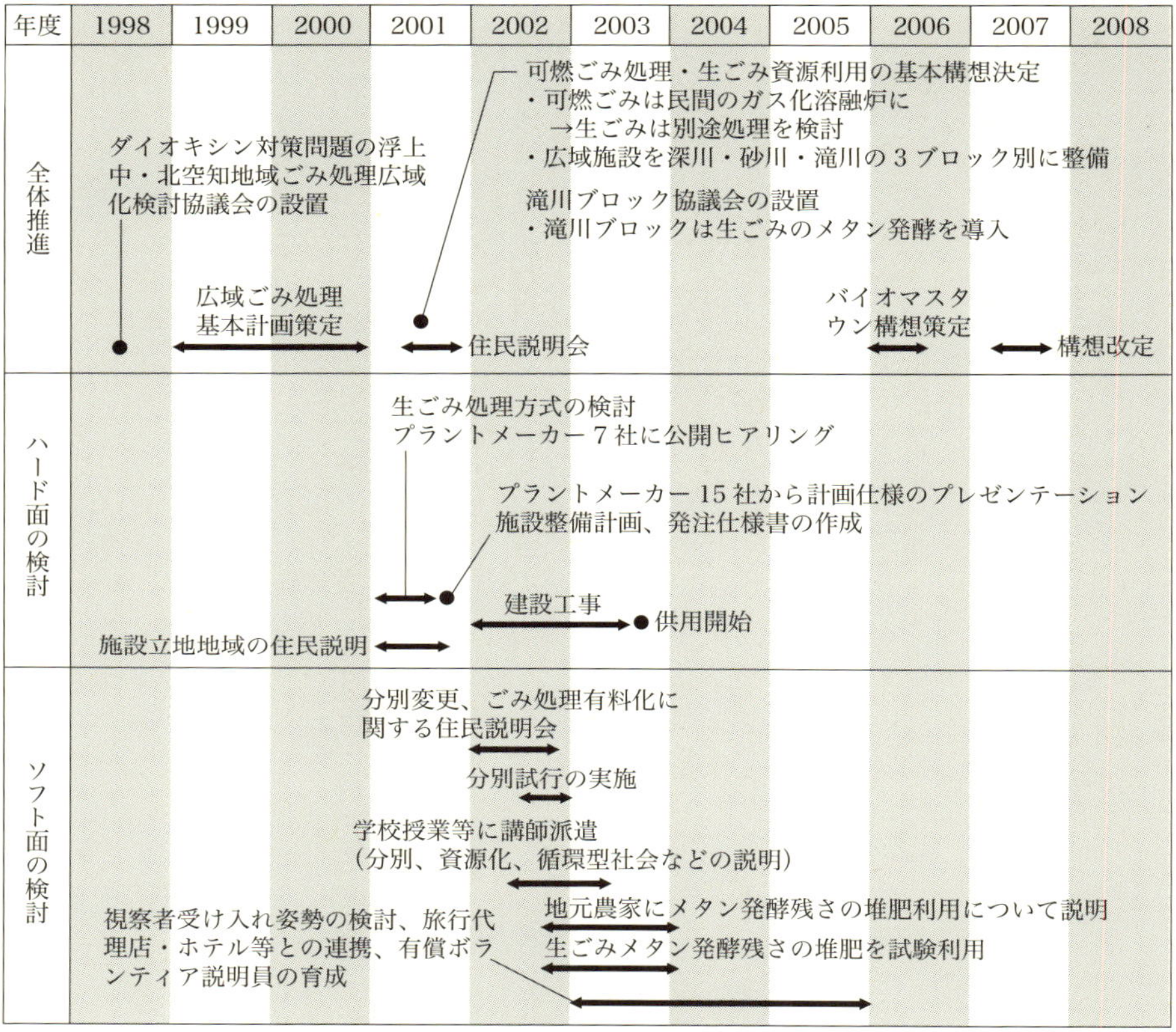
年度
1998
1999
2000
2001
2002
2003
2004
2005
2006
2007
2008
全体推進
ダイオキシン対策問題の浮上
中・北空知地域ごみ処理広域化検討協議会の設置
広域ごみ処理基本計画策定
可燃ごみ処理・生ごみ資源利用の基本構想決定
・可燃ごみは民間のガス化溶融炉に
→生ごみは別途処理を検討
・広域施設を深川・砂川・滝川の3ブロック別に整備
滝川ブロック協議会の設置
・滝川ブロックは生ごみのメタン発酵を導入
住民説明会
バイオマスタウン構想策定
構想改定
ハード面の検討
生ごみ処理方式の検討
プラントメーカー7社に公開ヒアリング
プラントメーカー15社から計画仕様のプレゼンテーション
施設整備計画、発注仕様書の作成
建設工事
供用開始
施設立地地域の住民説明
ソフト面の検討
分別変更、ごみ処理有料化に関する住民説明会
分別試行の実施
学校授業等に講師派遣
(分別、資源化、循環型社会などの説明)
地元農家にメタン発酵残さの堆肥利用について説明
生ごみメタン発酵残さの堆肥を試験利用
視察者受け入れ姿勢の検討、旅行代理店・ホテル等との連携、有償ボランティア説明員の育成

図6-2　滝川市事業化年表

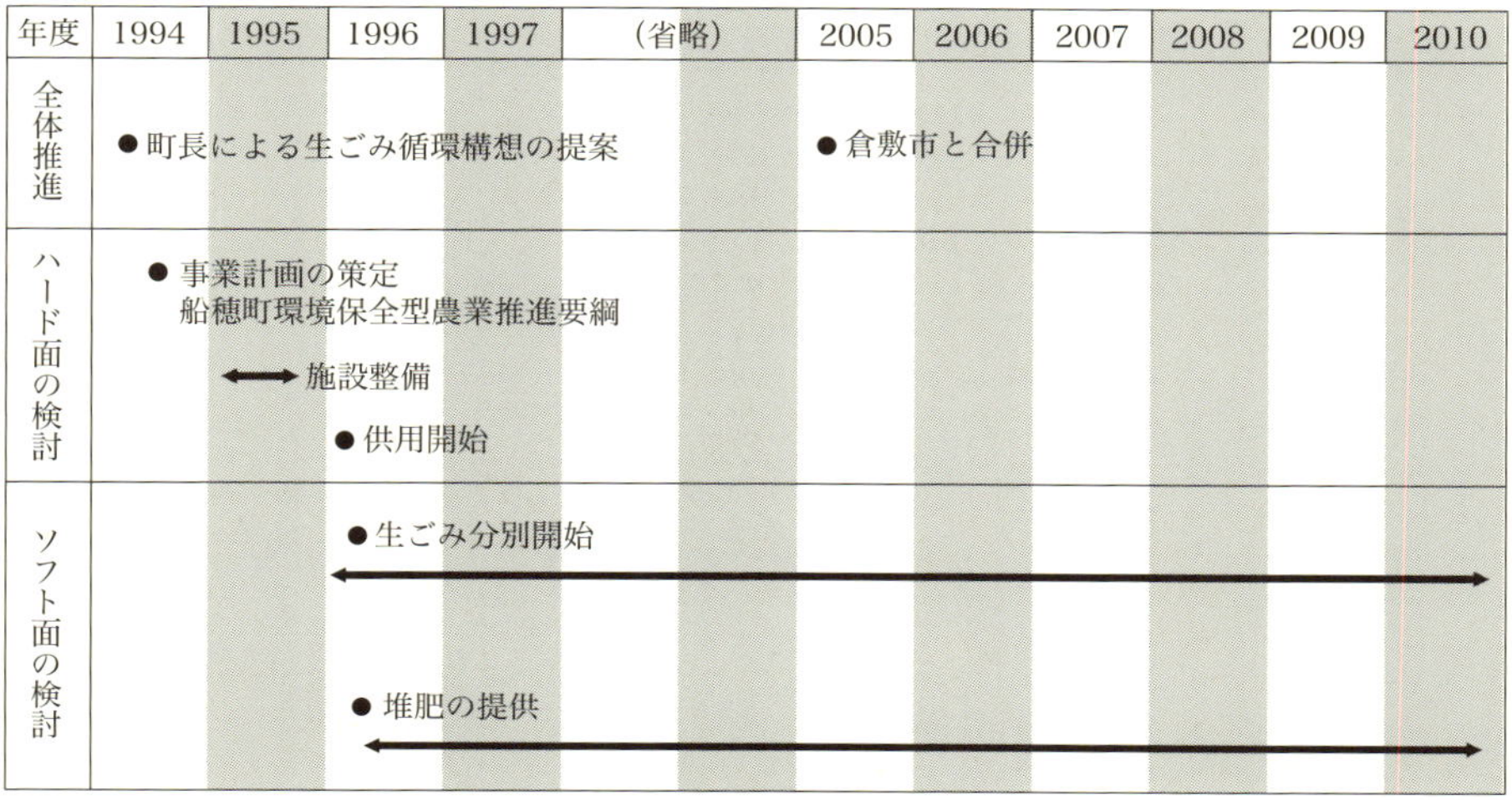
年度
1994
1995
1996
1997
(省略)
2005
2006
2007
2008
2009
2010
全体推進
町長による生ごみ循環構想の提案
倉敷市と合併
ハード面の検討
事業計画の策定
船穂町環境保全型農業推進要綱
施設整備
供用開始
ソフト面の検討
生ごみ分別開始
堆肥の提供

図6-3　旧船穂町事業化年表

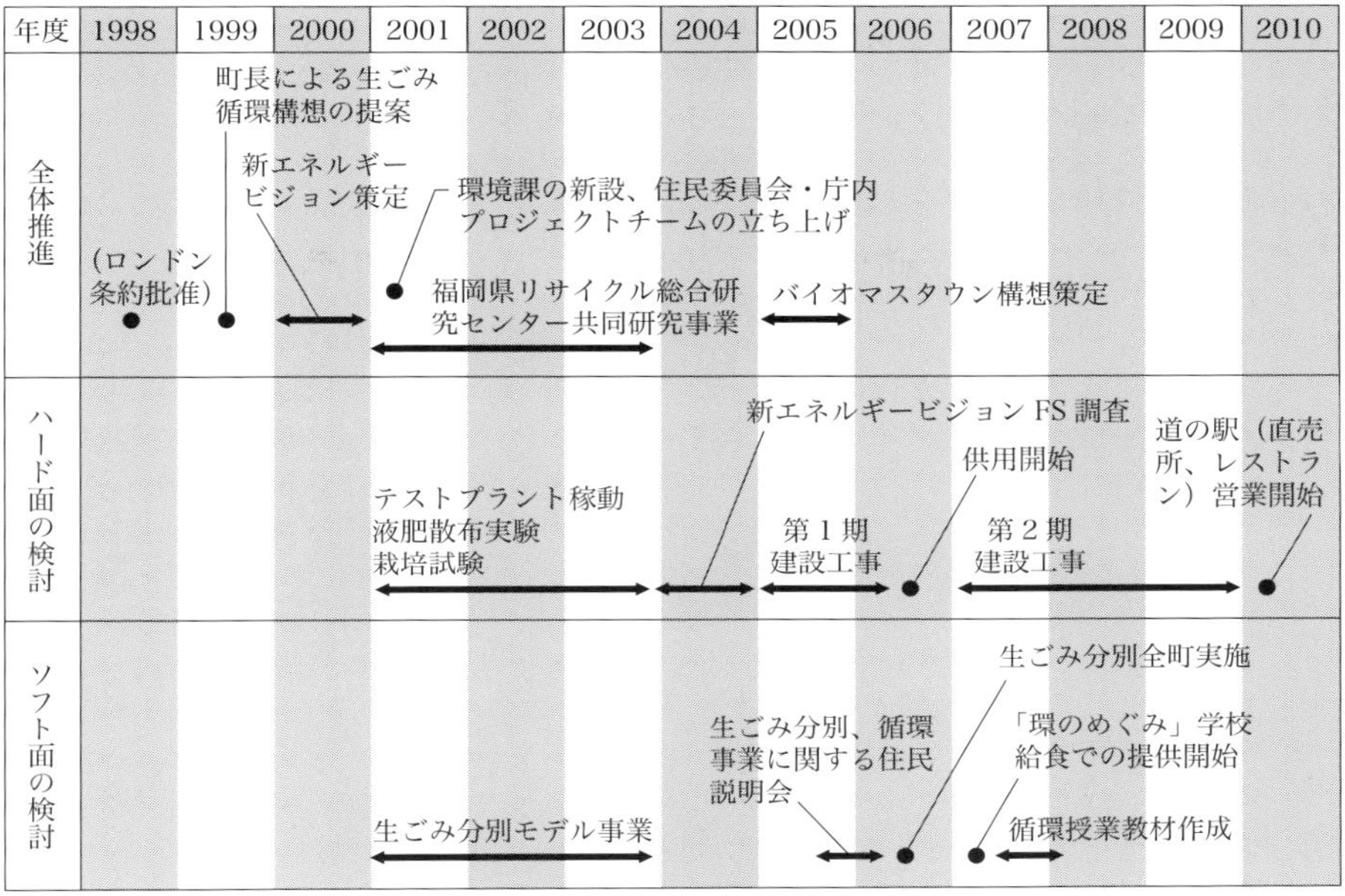

図6-4　大木町事業化年表

生ごみ循環事業の場合、プロポーザルを募集する行政担当者もはじめて経験することが多い。特にメタン発酵は国内でまだ十分に普及していないことから、プラントメーカー側にも施設運用の十分なノウハウは蓄積されていない。

なお、業者選定から施設設計、施工、供用開始までには、多くの自治体で約二年間を要している。

事業構想からの経緯を、長井市、滝川市、旧船穂町、大木町の「事業化年表」で紹介する。

2　生ごみ資源化の手法
——ソフト整備を中心に

生ごみ資源化の事業化には、堆肥化施設やメタン発酵施設などのハード整備だけでなく、「社会変換」のようなソフト面の整備も重要である。

新たな仕組みを導入するということは、住民の生活や意識に変化を求めることでもある。生ごみ資源化事業が成功するためには、循環が成り立つように社会のあり様を変化させなければならない。ここでは先行事例でどのように社会変換に取り組んできたのか、生ごみのフローに沿ってみていく。

資源化対象となる生ごみの選定

良質な堆肥や液肥を製造するためには、家庭における適切な分別が大前提となる。資源化施設に導入する前処理設備や配管の材質・耐久性などについて、プラントメーカーと協議しながら、資源化できる生ごみとできない生ごみを選別し、分別ルールを定めなければならない。

多くの場合、貝殻や肉の骨などの硬いものは、前処理が困難なことから資源化の対象としていない。また、たけのこの皮など硬い繊維を含むものも、微生物による分解が難しい場合がある。

メタン発酵施設では、卵の殻や蟹の殻が配管を磨耗させる原因になることがあるので注意が必要だ。

生ごみ分別収集の方法

生ごみの分別収集は、①家庭での分別、②排出、③収集の三つの段階に分けられる。

①家庭での分別

家庭での分別方法には、大きく分けて袋方式とバケツ方式の二つがある。

A　袋方式

袋方式では、プラスチック製袋、生分解性プラスチック袋、紙袋のいずれかが用いられる。

他のごみの収集体系と合わせるため、手間が少ないので住民の協力を得られやすいためといった理由から、袋方式が選択されている。袋方式の場合、収集にはパッカー車を用いるため、既存の収集車両で対応することもできる。

【長所】

・住民の視点では、可燃ごみの分別と同様の方式を採用することにより、分別品目の変更による負担が軽減される。

・自治体の視点では、可燃ごみの分別と同様の方式を採用することにより、収集車両の変更などが生じないため収集コストや検討に要する自治体の負担が軽減される。

・堆肥化の場合、生分解性プラスチック袋と紙袋は、選別せずに堆肥原料として処理工程に投入できるため、前処理の手間が少ない。

【短所】

・生ごみの分別状況が外から見えにくいため、異物の混入が増える傾向があり、前処理の負荷が大きくなる。

・プラスチック製袋は前処理で選別する必要がある。メタン発酵の場合はいずれの素材の袋も取り除かなければならない。

・生分解性プラスチック袋や紙袋を堆肥化工程に投入したとき、袋の結び目部分などが分解しきれずに製品堆肥中に残ってしまうことがある（残った部分を再度堆肥化工程に投入するなどの対応が必要）。

・生分解性プラスチック袋や紙袋は、強度が弱い場合がある。

・生ごみだけがまとめて袋に入れられるため、可燃ごみと同じ袋で排出されていたときよりもカラスや犬・猫などへの対策に留意する必要がある。

B　バケツ方式

異物混入を防ぐため、収集が容易なため、カラス等の被害を防ぐためといった、収集時の省力化を狙ってバケツ方式を選択する自治体が多い。洗えば繰り返し使えるから、という理由をあげた自治体もある。

バケツ方式では、生ごみの水分対策が必要になる。生ごみが水分を多く含んだ状態のままだと、腐敗しやすくなったり、水漏れの原因となって衛生上好ましくない。また、無駄な収集コストがかかることになる。バケツ方式を採用している自治体では、生ごみの水切りを家庭でしっかりしてもらうための専用バケツを各世帯に配布したところが多い。専用バケツとして、二重構造になっており、内側のバケツの底が網目状になっているものがよく用いられている。

収集にはトラックが用いられる。家庭用のバケツごと収集する場合と、ステーションに大型バケツ（「コンテナ」と呼ばれることもある）を設け、家庭用バケツの中身を移し替える場合とがある。

水切りのためにバケツを配布し、排出時には生分解性プラスチック袋を用いるように指定している自治体もある。

【長所】

・生ごみの分別状況をチェックしやすいため、異物の混入が少ない。

・排出のところでステーションを採用した場合でも、ステーションに設置されたバケツコンテナに移し替える際に「近所の目」があるため、分別状況が維持されやすい。

・資源化施設において、前処理工程で生じる廃棄物量を抑えられる。

【短所】

・一戸建てならば生ごみ用バケツを外で洗うことができるが、アパートなどの場合はそれが困難であるため、住民が負担感を感じやすい。

・バケツが有償の場合、生ごみ分別に参加する住民には初期コストがかかる。無償配布の場合はそのコストが自治体に転嫁される。

②排出

住民が分別した生ごみを家庭の外に排出する段階では、ステーション方式と戸別方式の二通りがある。

また、排出にかかる住民の費用負担もポイントになる。可燃ごみ焼却量を削減したい場合、生ごみを分別して排出するように住民を誘導する必要がある。いくつかの自治体では、そのために生ごみ排出にかかる費用負担は無料としている。専用袋や専用バケツを無料で配布する、生ごみ排出用の袋を指定しないなどの対応がみられる。

A　ステーション方式

数世帯ごとに収集場所を特定し、そこに住民が分別した生ごみを持ち込む方式。袋に入れた生ごみを持ち込む、生ごみ用の大型バケツを設置しておき、これに生ごみを投入するなどの方法がとられている。その他のごみのステーションと同じ場所が指定されるケースが多い。入居者が多いアパートやマンションには、その建物専用のステーションを設けることもある。

【長所】

・自治体の視点では、収集業務の効率化、収集コストの削減にもつながるため有益な方式。

【短所】

・住民にとっては、ごみを運ぶ手間がかかる。特に、高齢者にとってごみを運ぶ作業は負担が大きい。近隣住民やボランティアが手伝うなどの配慮が必要である。

・ステーションの衛生維持・管理の担当が地域内に必要となる。

・複数世帯のごみが一カ所にまとめられるため、違反者の判別ができず、分別が維持されにくい場合がある。

※袋方式や家庭用バケツでの収集の場合は、袋・バケツに世帯名または世帯番号を記載することで、分別の維持を図ることができる。

B　戸別方式

各世帯が自宅前に排出する方式。戸建て住宅の場合や人口密度の低い地域に適している。基本的にはステーション方式だが、住宅同士の距離がある地域は戸別方式というように、地域の住宅の状況に合わせて適用されている。

【長所】

・住民にとってはごみを運ぶ手間がなく楽。

・誰が出したごみかが明確に判別できるため、分別のマナーが徹底される。

【短所】

・自治体の視点では、収集業務の効率が悪い。収集車両が入れないような狭い道の場合、収集作業員が歩いて取りに行く必要がある。

・収集業務の時間がかかるため収集コストが増加する傾向にある。

③収集

収集方法と①家庭での分別は、相互を規定する関係になっている。つまり、家庭での分別を袋方式でしている場合はパッカー車、バケツ方式の場合はトラックが用いられる。

A　パッカー車

可燃ごみの収集車両と兼用することができるので、車両を買い換えるなどの設備投資を抑えることができる。収集時の作業負担が少ないという利点もある。

しかし、一台のパッカー車で可燃ごみと生ごみを同時に収集することはできない。(4) 可燃ごみ収集の回数を減らさない場合、可燃ごみ収集日に生ごみも収集する、あるいは別の曜日に生ごみ収集日を設定する必要があり、その分パッカー車の稼動時間が増えることになる。収集計画の大幅な練り直しをするか、車両を新たに購入するなどの対応が必要になる。

B　トラック

生ごみが入ったバケツをそのまま作業員が荷台に載せて運んでいくもの。バケツはかなりの重量があるため、作業員の負担は大きい（旧船穂町のように戸別収集の場合はバケツが小さく生ごみの量も少ないので、軽トラックでも問題なく収集できる）。これに対応して、荷台部分がリフト式のトラックが導入されることが多い。

表6-2　生ごみ分別収集の方式

収集車両	分別容器	資源化方法	
		堆肥化	メタン発酵
パッカー車	プラスチック袋	○	△
	生分解性プラスチック袋	○	△
	紙袋	○	△
トラック	バケツ	◎	◎

凡例：○／◎　資源化方法に対して収集方式が合理的、△　適用不可能ではないが合理性に欠ける。

生ごみ分別収集の方式は、表6-2のように整理される。三つの段階でどの方式を組み合わせるか、行政と住民が十分に協議して最適な収集システムを構築することが望まれる。

なお、資源化方法が堆肥化かメタン発酵かによって、適用可能な収集方式が異なる。堆肥化では生分解性プラスチック袋と紙袋はそのまま堆肥原料になるが、メタン発酵では通常、これらの袋を十分に分解できないので、前処理工程で取り除く必要がある。特に生分解性袋はコストが高くなるが、そのメリットを生かせなくなってしまう。

資源化方法と地域の状況に合わせて収集方法を選択することになるが、どのような方法にせよ生ごみのなかに異物が混入しないように住民に働きかける啓発のあり方が、重要な課題になる。

●分別を維持するための啓発

生ごみ分別収集をはじめる前には、住民への丁寧な説明が必要である。自治会や町会ごとに一回から二回の説明会を開催している自治体が多い。実際に分別収集を開始してからは、地区ごとに分別指導員を立てたり職員が巡回したりすることで、分別方法の指導をおこなう。こうした直接指導以外に、適切な分別を維持する手法として以下の二点を紹介する。

①生ごみ分別への経済的動機付け

適正な分別を維持する技の一つめが、経済的動機付けである。

大木町は生ごみ分別収集の開始に当たって、全世帯に生ごみ用の専用バケツを無料で配布した。そして、専用バケツを使って生ごみを出すときの費用負担はゼロにし、その一方で可燃ごみの指定袋を値上げした。生ごみを可燃ごみと混ぜて出すよりも、分別したほうが住民の費用負担が少なくなるようにしたのである。生ごみを分別するほうが得になる構図をつくることで、生ごみ分別に住民を誘導できた。

②地区単位での表彰制度

各家庭で分別された生ごみは、いくつかの世帯ごとに設置された大型バケツに投入される。このとき、大型バケツに投入された生ごみの様子は一目でわかるので、近所の住民同士が分別状況をチェックしあうことになる。「監視の目」というほど厳しいものではないが、近所に迷惑をかけないためにも分別ルールを守ろうという抑止力が働いていることは確かだ。

さらに、分別状況が優れている地区を表彰する制度もある。表彰された地区の住民全員に、町内の温泉施設の入浴券が贈られる。地区全体で生ごみ分別に取り組もうという意識を高める工夫である。

●質の高い堆肥・液肥製造の工夫

堆肥化・液肥化は、生ごみの「処理」ではない。堆肥・液肥という製品の「製造」工程である。堆肥や液肥がより品質の高い製品になるように工夫している施設もある。

堆肥化の場合、生ごみだけでは含水率が高くうまく発酵しないため、もみ殻やおが粉を水分調整材として入れている。間伐材や竹を細かいチップやパウダー状にして混ぜたり、ボランティアが集めた落ち葉を入れている自治体もある。この他、山鹿市でおこなわれているように施設内の排気を集めて堆肥の成熟槽を通し、臭気成分を堆肥に吸着させる技術もある。こうすることで堆肥中のアンモニア成分が増え、肥料効果が期待できるという。

液肥化の場合は、化学肥料の代わりに用いるためには肥料成分のバランスが重要になる。相対的にリン酸が不足することが多いが、山鹿市や築上町では、これを消火薬剤のリサイクル肥料で補っている。不足する成分のみ農家が独自に追肥することもできるが、あらかじめ成分が調整された液肥を製造しておけば、追肥の手間やコストが省けると農家からは歓迎される。

こうした成分調整は、厳密な成分分析にもとづくものではない。肥料の専門家からみれば大雑把なものに映るかもしれない。もちろん、成分分析の頻度を多くして精密に調整することは技術的には可能だ。しかし、厳密さを求めるにはコストがかかる。それが価格に反映されて値段が上がれば、生ごみ堆肥・液肥の利点が大きく削がれてしまう。堆肥や液肥を利用する地元の農家が、どのていどの品質・価格を求めているのか、十分にニーズをくみ取ることが重要だ。

●堆肥・液肥の利用促進

①成分分析・肥料登録

成分や安全性が定かでない堆肥や肥料を、農地に入れたいと思う農家はいない。農家に安心して使ってもらうためには、成分分析と肥料登録が必須である。だが、堆肥や液肥を無料で提供している自治体のなかには、定期的な成分分析や肥料登録をおこなっていないところもある。こうした自治体では、堆肥や液肥が農家に利用されず、不良在庫を抱えることになる。廃棄処分のための費用がかさみ、施設そのものが稼働停止してしまう事例もある。

②価格設定

堆肥や液肥の販売価格は、自治体ごとにばらつきがある。販売価格の設定には、以下に示す視点のうち何を重視するかがポイントになる。

・資源化した堆肥・液肥を農業に利用し、地力の向上、循環型農業を達成したい
・堆肥・液肥は、住民へのPRのために使いたい
・資源化施設の運転コストを、堆肥・液肥の販売価格で補いたい

以上の視点に加え、生ごみ資源化事業の目的や位置づけ、近隣の競合製品の価格などを踏まえて価格を設定することになる。

いうまでもなく、同様の品質の製品ならば、価格が低いほうが消費されやすくなる。特に液肥が全量利用されている自治体では、低価格な肥料であることが、農家が液肥を利用する大きな動機となっていることも事実だ。経済的な観点からは、できる限り安い価格を設定するのが望ましい。なお価格設定は、農家の利用状況などをみながら、後から変更した事例もある。

③施肥管理、栽培暦

いつ、どれくらいの量をどのように散布すればよいかなど、堆肥や液肥の具体的な利用方法は農家にとって非常に重要な情報である。大木町や山鹿市では、作物ごとにこうした情報を冊子に取りまとめ、液肥を利用した

「栽培の手引」や「栽培暦」として公表している。また、液肥散布シーズンを前に農家向けの講習会を開いている。

堆肥や液肥の利用に関して正しい情報が伝わらなければ、作物の生育に問題が生じる可能性がある。これを他の農家がみたときに、堆肥・液肥そのものに問題があると受け取られるおそれもある。一度悪い評判がたつと、それを払拭するのはかなり困難である。こうした風評を未然に防止するためにも、正しい利用方法をわかりやすく伝える工夫が重要だ。

なお、適切な散布を担保するために、次に記す「散布サービス」も有効と考えられる。

④散布サービス

高齢化がすすむ農家にとって、堆肥や肥料の散布は重労働である。地力向上のために堆肥を使いたいが、散布機械は高額なため購入できず、手作業で散布するのも重労働すぎる、という思いを抱えた農家は多い。この部分を資源化施設の運営側でカバーすることで、有機資材を使いたいという農家のニーズに応えることができる。また、適切な使用を促すという面でも、堆肥や液肥の散布に関して一定の知識と技術をもった作業員がおこなう意義は大きい。

特に液肥の場合、軽くて扱いやすい化学肥料から乗り換えてもらう必要があるため、散布サービスは必須となる。散布車の導入や散布作業の人件費などで施設側の支出は増えるが、液肥が十分に利用されなければ、さらに高いコストをかけて水処理しなければならない。施設の経済性からも、資源循環の観点からも、どちらの支出がよりふさわしいかは明らかであろう。

⑤利用者の組織化

堆肥や液肥を利用する農家を「利用者組合」として組織化している事例もある。現実的には、はじめから地域内の農家に広く堆肥や液肥を使ってもらうことは難しい。まず、事業に関心をもちそうな数軒の農家や営農組合に声をかけ、先行的に使ってもらうというのが一般的だ。こうした農家・営農組合が、利用者組織の核になる。はじめは少数の農家で使い、その様子を他の農家にみてもらって理解を得ながら利用範囲を拡大していく、というのが普及手法になっている。

利用者組合の設置は、さまざまな点で有効に働く。

まず、利用計画が立てやすいという利点がある。堆肥や液肥を使う作物を限定している場合、散布の時期は限られているため散布計画を事前に立てておく必要がある。農家一軒ずつ利用申し込みを受けていると、年ごとに利用者・注文量が変わり散布計画を立てにくくなってしまう。だが利用者組合があれば、組合に参加する農家の注文をベースに計画を立てればよい。利用計画の立案は施設側がおこなうこともあるが、組合に参加する農家同士の話し合いでおこなっているところもある。

また、堆肥や液肥を使った栽培方法について、農家同士が学び合えることも大きい。実は、同じ地域で農業をしていても、農家同士が栽培方法の情報交換をする機会は意外と少ない。組合活動の一環として勉強会を開いたり、互いの圃場を見学し合ったりすることで、利用の成功事例・失敗事例が共有できる。情報が蓄積することで、堆肥や液肥の利用方法が地域全体で向上することが期待できる。

さらに、利用者組合があることで事業の新たな展開が開けた地域もある。築上町では、利用者組合の検討によって水稲・麦以外にもナタネや飼料米など新たな作物にも液肥が使われるようになった。また、利用者組合のなかに学校給食部会を設け、液肥で栽培した米を学校給食に納入する仕組みをつくった。液肥を使った米づくりについて子どもたちに教えるゲストティーチャーとして、小学校の教壇でも活躍している。

堆肥・液肥の利用拡大には、農家自らが話し合い、活動できる場をつくることも大切だ。

【注と参考文献】

（1）「地域新エネルギービジョン策定等事業」。独立行政法人新エネルギー・産業技術総合開発機構（NEDO）による。

（2）農林水産省による交付金制度（二〇〇三年度〜「バイオマス利活用フロンティア推進事業」、二〇〇五年度〜「バイオマスの環づくり交付金」、二〇〇七年度〜「地域バイオマス利活用交付金」）。

（3）地域新エネルギービジョン策定等事業関係は二〇一〇年度で終了、地域バイオマス利活用交付金は事業仕分けにより予算を三分の一に縮減することが求められたため、事業計画の検討にこれらの補助事業を利用することは現在できなくなっている。

（4）ただし、パッカー車内部が二室に分かれており、事業系ごみの収集で生ごみとその他可燃ごみを同時に収集できるパッカー車の導入事例もある（北九州市など）。

第Ⅲ部

有機物が循環する循環型地域社会の構想

第7章 プランAからプランBへ

1 レスター・ブラウンの「エコ・エコノミー」の構築

ごみ処理に莫大なお金（税金）を使ってきたが、最終処分場のごみと借金だけが残った、という苦い体験を数十年かけて多くの自治体は学んできた。

どうせお金（税金）を使うのであれば、循環を軸にした地域づくりのほうが安上がり、ということも各地の事例でみえてきた。

これはごみ処理だけの問題ではない。

ごみがたくさん出るというのは、地域の外、海外からさまざまな商品や農産物、肥料を輸入し、消費しているということ。そして、それらをごみとしてお金とエネルギーで処理しているということ。これでは、お金と仕事は地域から出ていくだけだった。

このまま（「プランA」）では先がみえない。地域も成り立たない。プランAにしがみつく意味も小さくなってきたので、ちがう道（「プランB」）に行ってみよう、というのが循環の取り組みであった。

「環境的に持続可能な経済。それは『環境は経済の一部ではなく、経済が環境の一部である』という認識に立脚した経済である」

これはレスター・ブラウンが「エコ・エコノミー（Eco-Economy）」として、二〇〇一年に発表した考え方である。そこに「プランA」「プランB」という言葉が出てくる。

「現在のままの経済をつづけるなら『プランA』、エコ・エコノミーを構築できずに、人類文明の存続は限りなく危機に近づいていく。いまこそ、構築に取り組む最後のチャンスである。そのための戦略案がこの『プランB』である」

（レスター・ブラウン『プランB4.0 人類文明を救うために』ワールドウォッチジャパン、二〇一〇年）

プランAは経済拡大のために自然や地域を食いつぶし、ごみだらけにしていた。もはや、プランAに未来はない。そこで、自然の循環の仕組みのなかに、地域の経済をつくりなおそうというのがプランB。

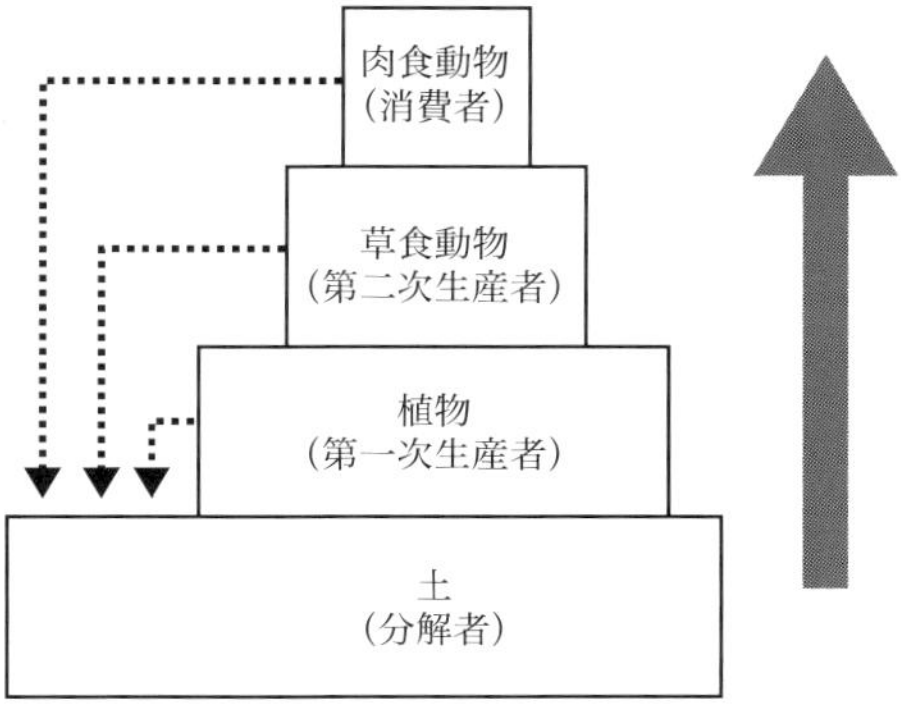

図7-1　生態ピラミッドモデル

生態系モデルの一つに、生態ピラミッドというのがある。土（分解者としての微生物も含む）の栄養分を利用して植物が生長し、それを食べて草食動物が増え、最後は肉食動物が食べるというモデルである。

頂点の肉食動物からみれば、一方的に下から上へと物質が上に向かっているようにみえる。しかし、実際は動物、植物の死骸、ふんなどは土によって分解され、土によって再生されていた。

生態ピラミッドのような「上下関係」の視点ではなく、物質の流れからみたのが、食物連鎖モデルである。

自然のなかでは、互いに食べ合ったり（食物連鎖）、死骸やふんを土の微生物が分解利用することで、ごみも資源の枯渇もなかった。それぞれの生き物は生産者（生産だけする存在）でも消費者（消費だけする存在）でもなく、循環する存在としてあった。これが食物連鎖モデルである。土（分解者）が物質循環の基盤になっている。

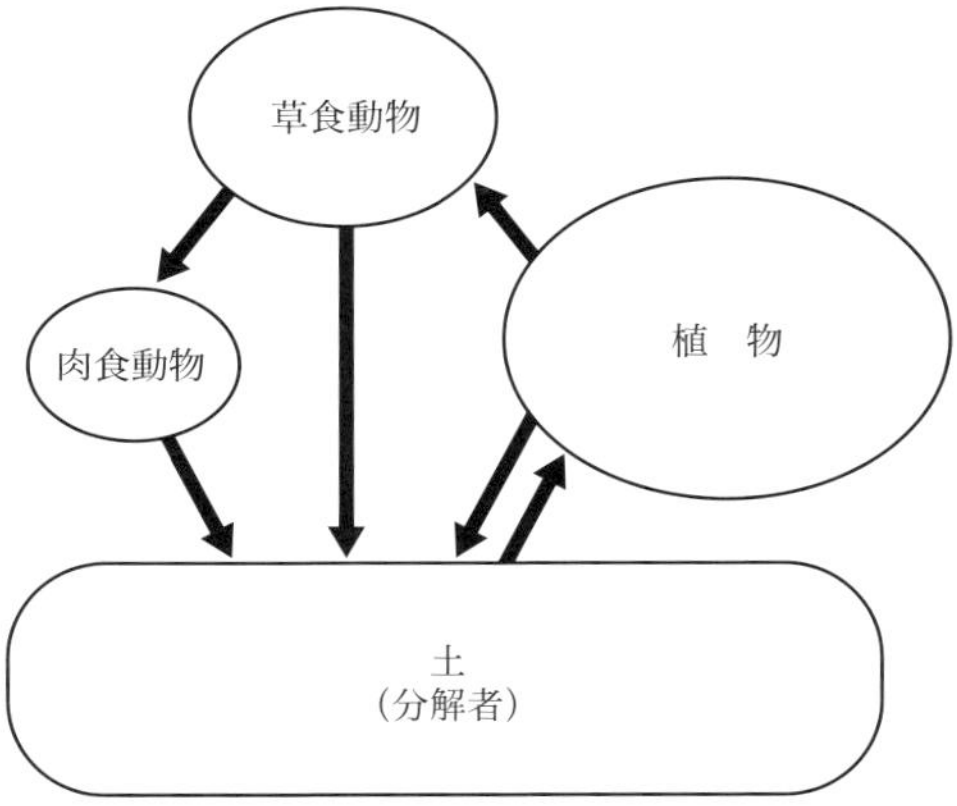

図7-2　食物連鎖モデル

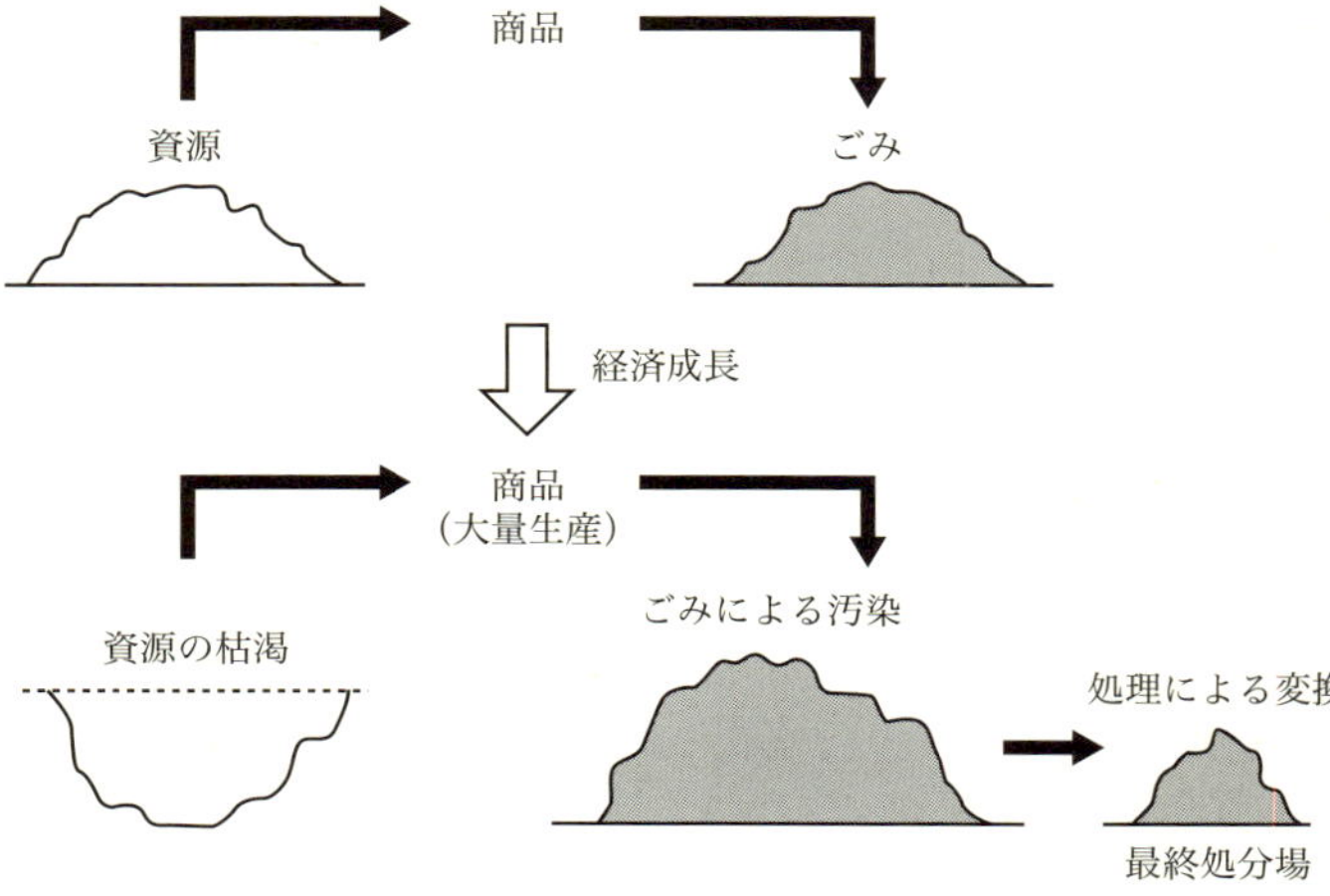

図7−3　人間の経済社会モデル

ところが、自然のあり方とは異なる人間の経済社会では、工業的生産が中心になり、資源を消費して商品をつくり、商品はやがてごみになっていた。

やがて、商品をよりたくさんつくって経済成長を実現したといっても、実は、資源をより多く消費し資源の枯渇を招いていた。いまや、商品はより多くのごみになり、汚染を招いている。そこでのごみ処理は、他のかたちに変換されて、最終処分場に閉じ込められているだけだ。

明らかに、自然の循環とは異なる経済社会のあり方であった。

2 「処理」の発想から「循環」の発想へ

本書では、ごみ処理やし尿処理を否定しているのではない。処理は公衆衛生の視点では不可欠であった。ただ、「処理」の考え方にもとづいてつづけてきたことが、果たして当初の目的を満たしているのかどうか、危うくなってきているのも事実である。

家庭の生ごみは焼却処分され灰になり、し尿はし尿処理場や下水処理場で処理され汚泥が残る。焼却灰や汚泥は最終処分場に埋立処分されている。

ごみ処理、し尿処理で身近な衛生問題は解決したようにみえた。しかし、最終処分場に運び込まれて埋め立てられたさまざまなごみには、環境に有害なものも多く含まれている。処理に伴う二酸化炭素の排出も大きい。これでは、目先の処理はうまくいっているが、長期的には、灰や汚泥、二酸化炭素という別のかたちでごみを貯めていることになる。

これを地域の暮らしからみてみる。

暮らしの場としての地域に、外部から商品が入ってくる。人間の食べ物だけでなく牛や豚の餌、化学肥料などである。それらは暮らしのなかでごみになり、地域のなかにごみが溜まり、処理をしなければならない。商品の購入のためにお金が地域からなくなるだけでなく、ごみ処理のためにもお金は地域から失われていく。それは、地域から仕事もなくなっていく、ということでもあった。

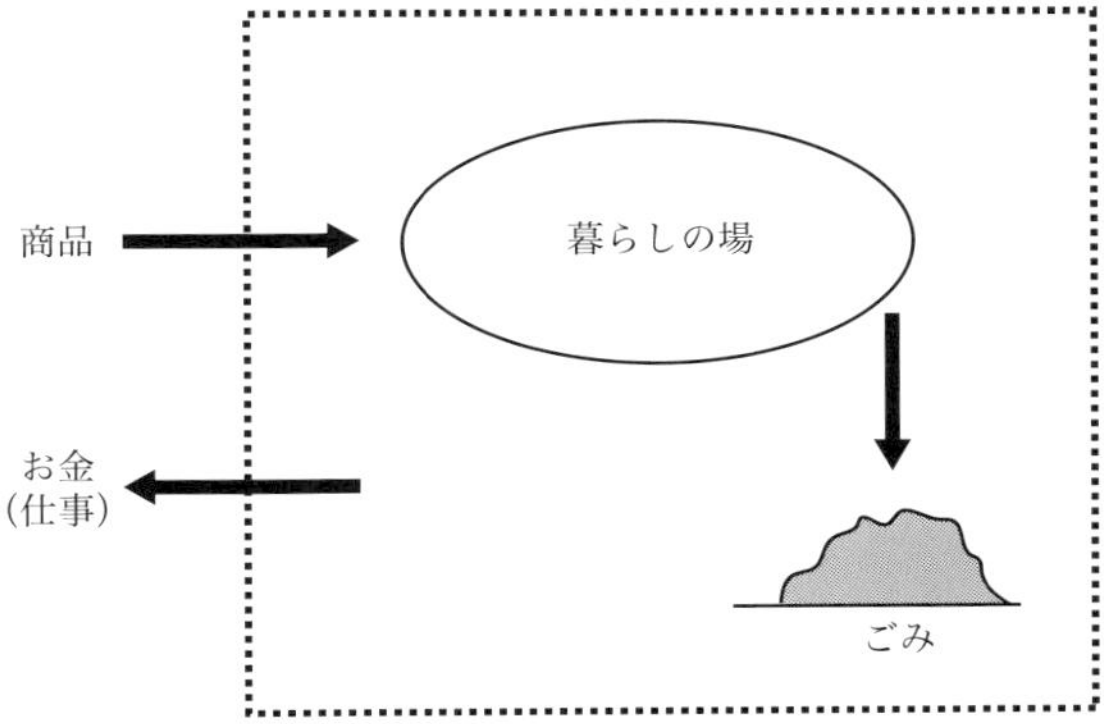

図7−4　プランAの地域のあり方

こうした暮らしや地域のあり方は、この五〇年間、プランAとして経済成長のための効率のいいモデルとして求められ成功してきたと考えられてきたが、ごみと借金と失業だけが残る地域が各地であらわれてきた。

もし、この地域がもっと貧乏になれば、食料や餌が輸入できなくなるだけでなく、し尿や生ごみの処理もできなくなる。仮にどうにか地域経済が維持できても、地球全体の資源の枯渇と廃棄物の増大によって、やがて止まってしまう。

そこで、地域外からできるだけ購入せずに、できるだけ地域のなかで循環させていくプランBという選択が循環の地域づくりである。地域のなかで、農業を基盤にして物質を循環させることで、この地域の暮らしや仕事（生産と循環の仕事）が生まれる。地域のなかでまわるお金が増えるため、地域にお金が残り、仕事が増える。

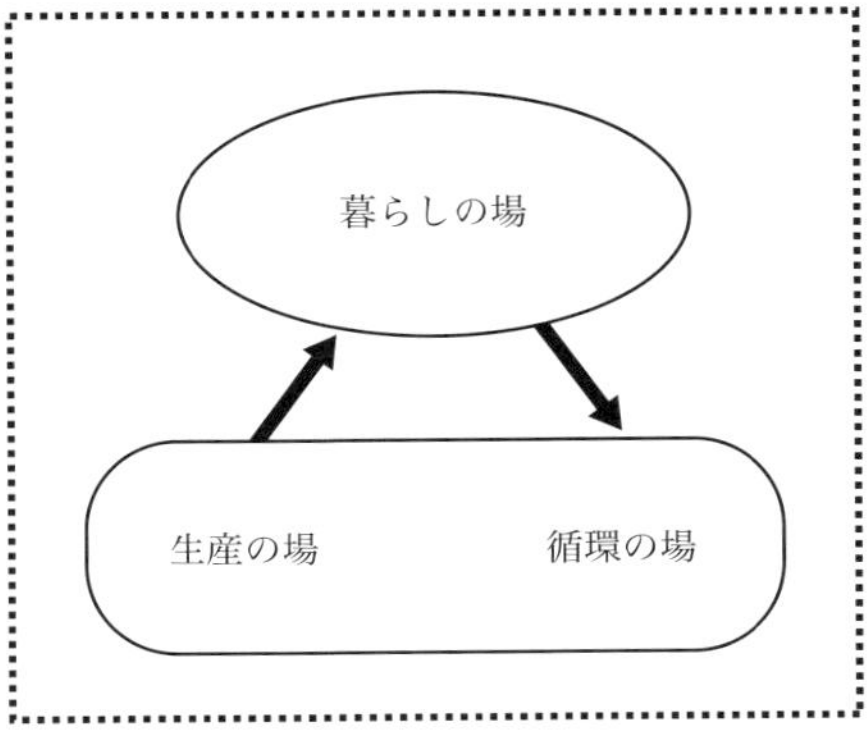

図7−5　プランBの地域のあり方

こうした循環構

想をプランBとしてつくり上げたのが、大木町であった。

単にごみ処理としての肥料製造施設ではなく、地域農業・経済振興施設として位置づけられているからこそ、直売所や地産地消レストランが併設され、雇用が生み出されていた。その一方で、ごみ処理費用、し尿処理費用も大幅に削減することに成功した。

【注と参考文献】

レスター・ブラウン『プランB 4.0 人類文明を救うために』ワールドウォッチジャパン、二〇一〇年。

第8章 都市と農村の循環的つながりの再生

1 都市―農村間で循環を生み出す「有機物循環センター」

本書の事例では生ごみを中心に紹介したが、有機系あるいは生物系といわれている廃棄物（生ごみ、し尿、汚泥、畜産ふん尿など）であれば、すべて液肥の原料にすることができる。

大木町のくるるんのような「メタン発酵施設＋直売所＋地産地消レストラン」を有機物循環センターという位置づけにすると、このセンターは農村、準農村だけでなく、都市でも事業展開は可能である。

東京のような大都市はひとまず横に置いて、九州の最大の都市・福岡市（人口一四五万人）での循環センターの設置、循環の取り組みを検討する。

福岡市には市内にも水田は多くあり、福岡市と隣接する市にも多くの水田がある。

仮に一〇haの水田で二〇〇〇人分の生ごみとし尿を循環利用できると仮定すれば、福岡市の水田面積一八〇〇haでは、三六万人分の受け入れが可能である。

福岡市の西に隣接する糸島市は人口一〇万人で水田面積は二一八〇ha。糸島市民の生ごみ、し尿を受け入れても、さらに三三万人分の福岡市民の生ごみ、し尿の受け入れが可能である。

九州で最大の福岡市を例に考えた場合、福岡市民のすべての生ごみ、し尿を水田ですべて利用するのは、困難かもしれない。しかし、半分ていどであれば、十分に利用可能である。また、水田に加えて都市近郊の野菜栽培などにも利用すれば、さらに利用可能量は増え、循環は

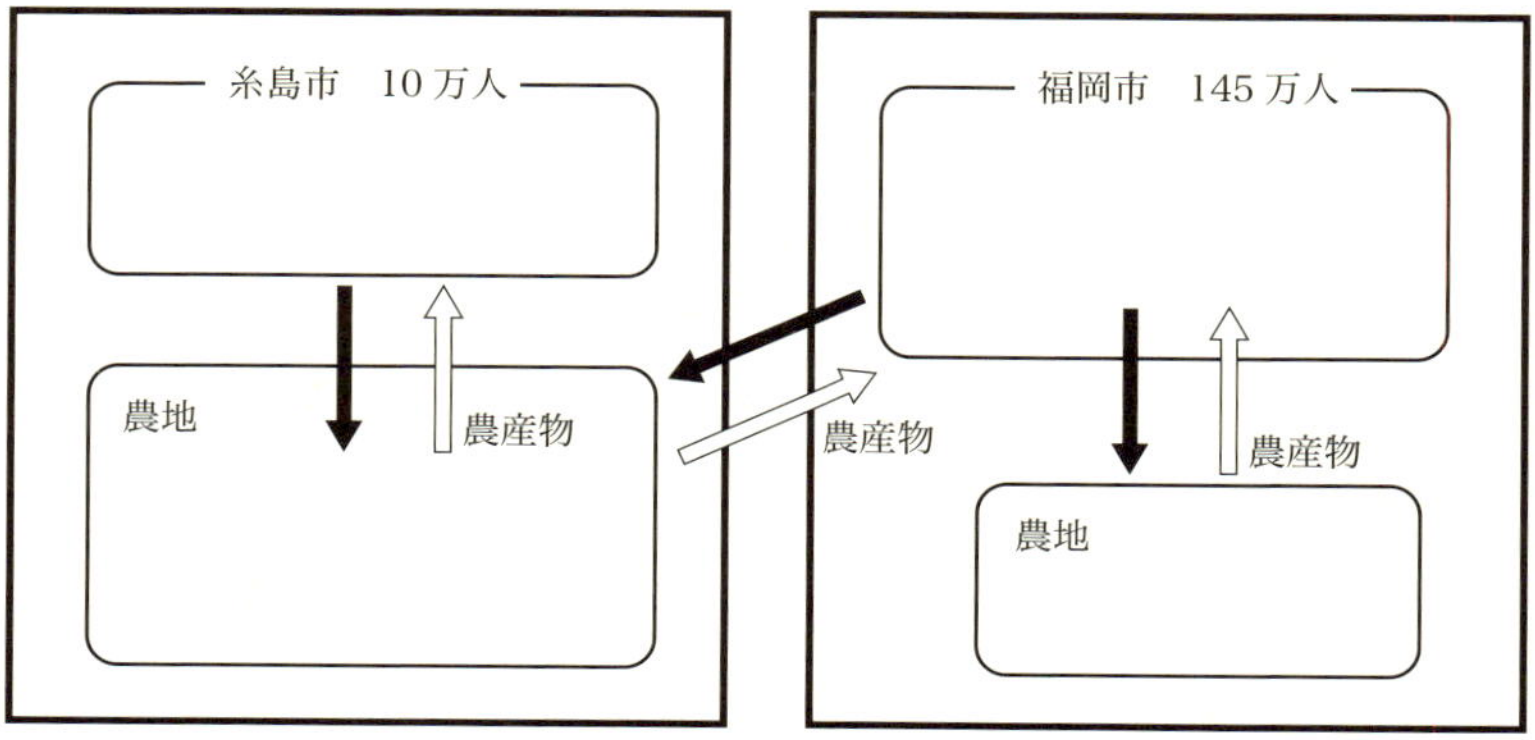

図８−１　福岡市の循環イメージ

広がる。

焼却ごみの四〇%を占める生ごみの半分を焼却せずに、循環利用できれば、その処理費用や二酸化炭素の排出量も大きく削減できるため、福岡市の経済的メリットは大きい。

福岡県久留米市は人口三〇万人の中核都市で、水田面積は七七〇〇haである。一五〇万人分の生ごみやし尿を循環利用できる能力をもっている。人口三〇万人の中核都市である久留米市では家庭の生ごみやし尿だけでなく、レストランや食品産業の生ごみなどの循環利用も十分に可能である。人口三〇万人の久留米市で有機物の循環利用が可能であれば、九州内の一〇万人ていどの自治体であれば、ほとんどすべての自治体で十分に生ごみ、し尿の循環利用は可能である。

山が多いとか、水田がないとか、さまざまな地域があるので、どこでもすべての有機物の循環利用が可能であるとはいわないが、検討する価値は十分にある。

さて、東京のような大都市であっても、工夫次第で循環は可能である。図８−２のように、都市の外側に有機物循環センターを建設する。そして、液肥はさらに郊外に運び液肥タンクに貯留する。液肥は郊外の農地で利用し、その農産物は都市部で積極的に活用する、という方法を使えば、大都市でも一部の地域での取り組みは可能である。

しかも、有機物循環センターや液肥の貯留タンクは迷惑施設ではないので、地元に喜ばれる施設として提案ができる。

有機物循環センターはメタン発酵によって発生するメタンガスで施設内の電気は自家発電が可能である。直売所もあり、地産地消レストランも併設し、さらに災害時の支援センターでもあれば、地域はこぞって誘致する。

また、農業地域には都市自治体の予算で液肥タンクを設置し、「有機液肥供給施設」として液肥をほぼ無償で提供し、散布サービスまでおこなう。そして、液肥で栽培された農産物は都市で優先的に購入する。

都市部の自治体は、ごみ処理費用の軽減、し尿処理費用の軽減、最終処分地の延命、二酸化炭素排出量の削減など、メリットばかりである。受け入れ側の自治体も無償で農業振興が可能になる。

農業地域においては自治体によって各地で直売所の建設などがすすめられている。そこで、これを有機物循環センターとして建設すれば、さらに有効な施設、地域農業振興、雇用の増大といったさまざまなメリットにつながり、費用対効果の高い施設となりうる。

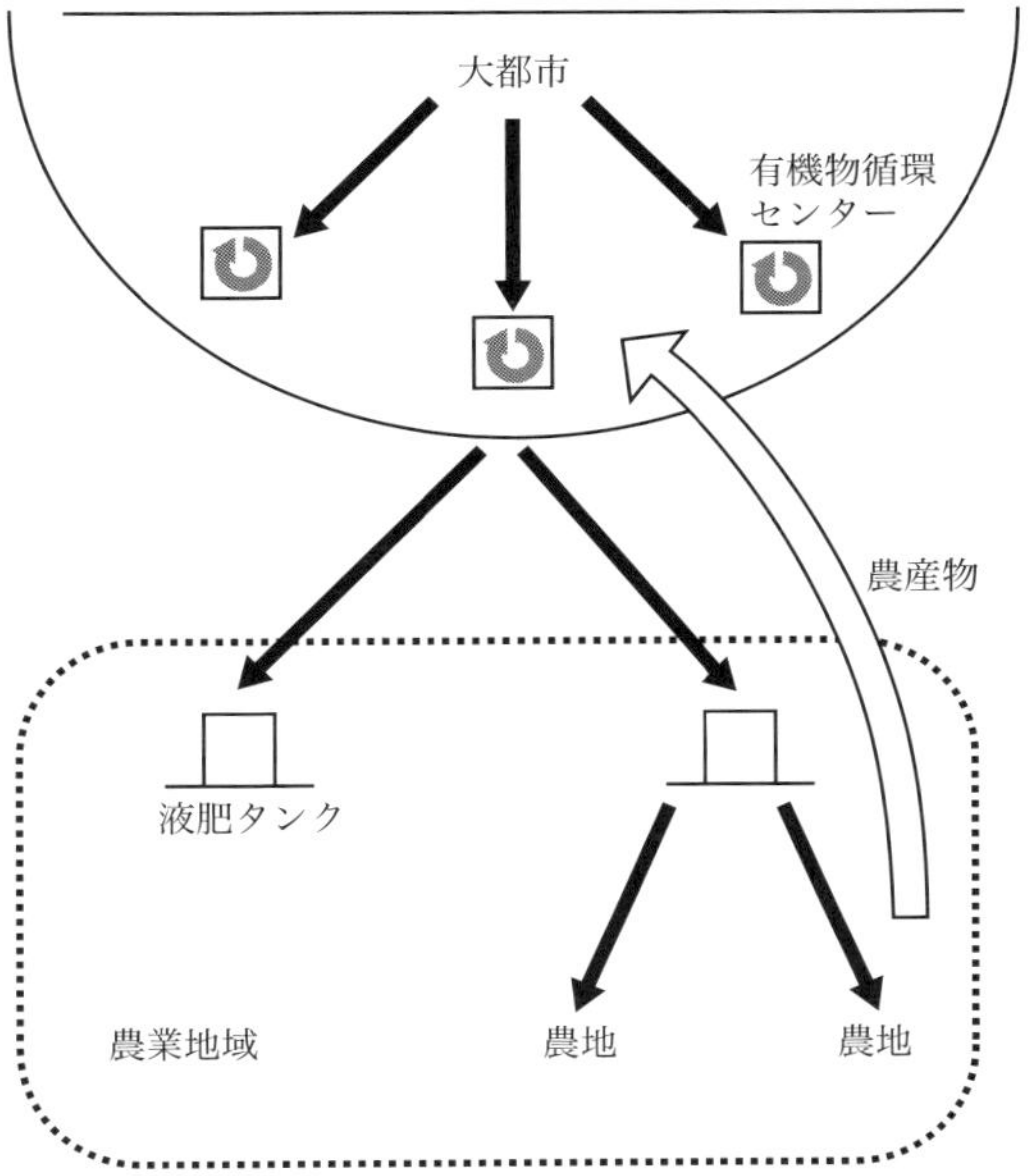

図8-2　大都市での循環の手法

2 広域行政のさらなる広域化という手法

実際に、有機物循環センターを建設して稼働させるには、現実的な課題が立ちふさがる。現実的な課題とはお金（建設費、運転費）である。

それぞれの自治体にはすでにごみ焼却場、下水処理場、あるいはし尿処理場がある。これらに加えて、有機物循環センターを建設するのは困難だ。なぜなら自治体にはお金がない。

しかし、お金がないからこそ、有機物循環センター建設の可能性がでてくる。

熊本県山鹿市は焼却場の建て替えをせずに、生ごみ資源化、リサイクルに取り組むことに決めた。表8－1のように、いくつかの案を検討した結果、焼却場を建て直すよりも、生ごみ資源化が一番安かったからだ。

生ごみだけでなく、プラスチックや雑紙なども資源化することで、焼却ごみを七割減らす。残りの三割は民間の焼却炉に委託する。これで焼却炉は不要になる。

表８−１　焼却か資源化か　（単位：億円）

	新型ストーカー炉	ガス化溶融炉	RDF（ごみ固形燃料）化	資源化（生ごみ）＋焼却委託
建設費	22	25	30	9
年間維持管理費	5	11	8	5
炭酸ガス排出量	○	×	◎	◎

出所：山鹿市
注：表中の数値は概算。

しかも、リサイクル施設や有機物循環センターであれば地元の合意は得やすく、建設も可能だが、焼却炉の建設となると、地元はなかなか受け入れてくれない。

これが、山鹿市の選択であった。

山鹿市の取り組みによって、他の自治体の有機物循環センターへの道が開けてきた。

例えば、大規模な自治体であれば複数の焼却炉、し尿処理場などを保有する。焼却炉が二つあれば、どちらかが先に寿命がくるので、その際に、生ごみ資源化に取り組むという方法がある。生ごみやその他のごみのリサイクルに取り組むことで、焼却ごみを四〇%まで減らせば、二つの焼却炉のうち一つを廃炉にすることができる。このように工夫することで、建設費も運転費用も焼却炉よりも安い有機物循環センターが建設できる。

広域行政の場合も可能である。

合併前の小さな自治体（人口一万人ていど）は昔はそれぞれに小さな焼却炉をもっていたが、これでは効率が悪いということで広域（複数の自治体）で焼却炉を保有するようになった。この経済効率性を活用して、有機物循環に取り組む。

例えば、広域Aは一つの市と四つの町、広域Bは二つの市で構成されているとする。ともに人口規模は一〇万人ていどとする。それぞれの広域A、Bともに大型の焼却炉を有している。し尿処理場も有している。そのため、生ごみ資源化施設を建設する経済的余裕はない。広域Aの焼却炉の寿命があと五年ほど。広域Bは一〇年。

そこで、広域Aと広域Bで連携して、生ごみ資源化に取り組む。まずは、生ごみとし尿の処理能力のある有機物循環センターを建設し、循環に取り組む。

広域A、Bの生ごみが資源化されることで、焼却ごみの量が半減したため、広域Aの焼却炉やし尿処理場を廃止することができる。

なお、生ごみだけの循環施設をつくるのは経済効率が悪い。「生ごみ＋し尿＋汚泥」「生ごみ＋畜産ふん尿」など、それぞれの地域が抱える素材を組み合わせることで施設の効率が高まり、安い費用による処理と、安い液肥の提供が可能になる。

3 標準モデルへのブラッシュアップと「循環の学校」

大木町は有機物循環の地域モデルとして、生ごみ、し尿処理プラントと周辺施設（直売所、レストランなど）の一つのあり方を具体的に提案した。

今後、各地の取り組みでもっと楽しく効果的に地域を豊かにする施設のあり方が提案されてくるだろう。

そこで、その核になる循環プラントについて、さらに使い勝手のいい標準モデルをメーカー、行政職員、農家といっしょに検討していく必要があると考えている。

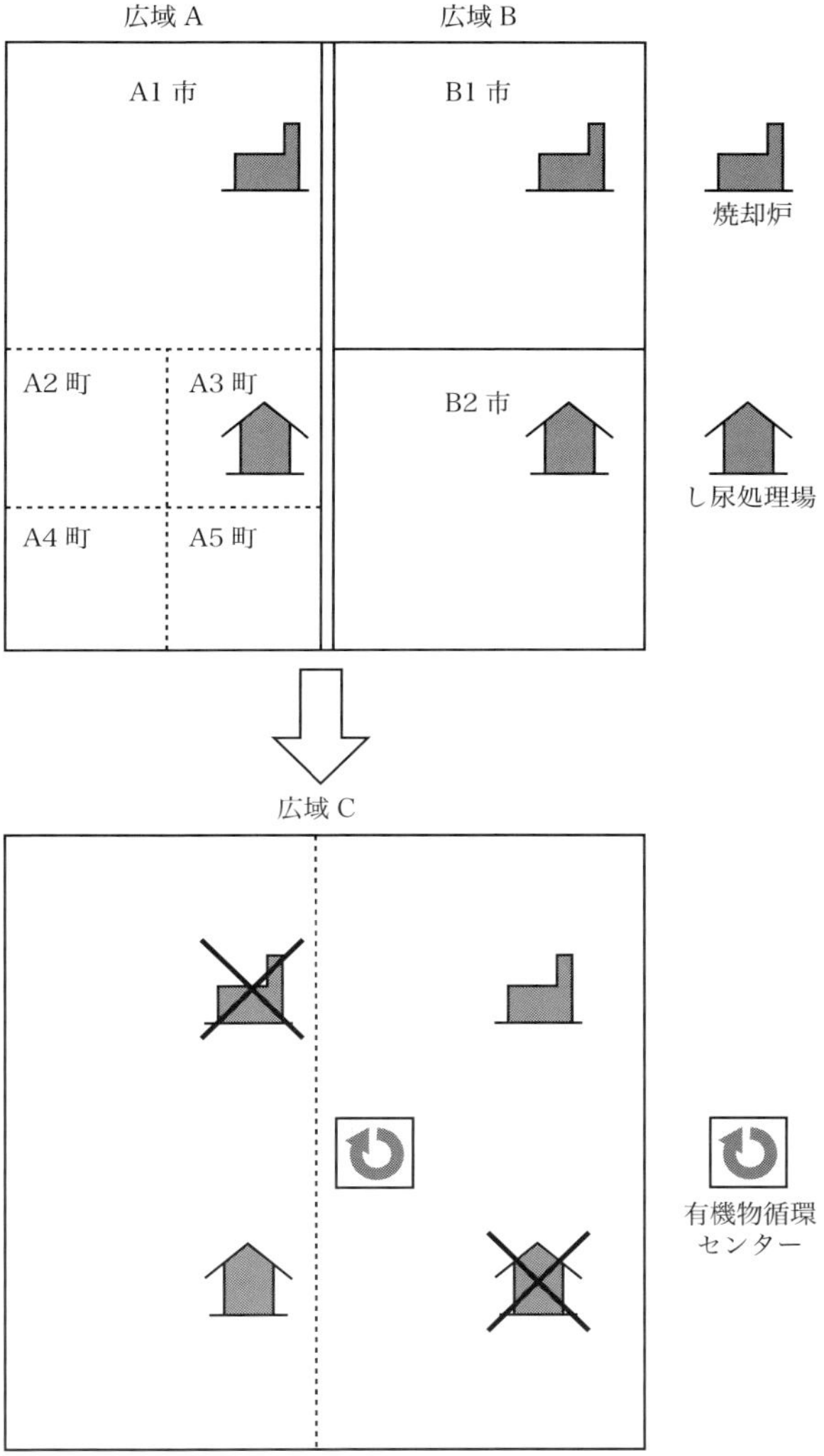

図8-3　広域行政のさらなる広域化

それは、先進技術やハイテクを駆使するようなものではなく（ハイテクの否定ではない）、例えば、生ごみ収集用バケツの理想的なあり方。収集用バケツの設置の仕方。バケツの洗浄機の使い勝手。バイオガスの効率的な利用方法。これら実際の運用に関わるさまざまなノウハウを自治体相互に情報交換して、より効果的な方法を検討する。「使い勝手」をよくする議論である。

プラントそのものも、ごみ処理、し尿処理のための施設ではなく、地域や地域農業のための施設のあり方として、もっと使い勝手のいいものへと改善していく必要がある。

循環の施設は建設価格も運転費用も安いローテクで十分である。そして、ローテクほど、地域の経験の積み重ねで輝きを増す。

大木町のくるるんを標準モデルver1とすれば、標準モデルver2、ver3と各地の試みを通してよりよいものを提案する場として、「自治体有機物循環研究会」（仮称）を立ち上げて、情報交換をしていこうと考えている。

五年ほど検討し、ver5ほどまでいけば、ほぼ完成した標準モデルと地域での展開方法が提案できるだろう。それをその後の五年で普及、定着させていくことで、一〇年で「処理」から「循環」へと流れが大きく変わると考える。

「処理」ではなく「循環」という新しい政策には、その理念と手法を学んだ人が必要である。

「循環」という地域の未来をつくり上げていくには教育・訓練され、技を獲得した自治体職員が必要である。残念ながら、環境課の職員はごみ処理の専門家ではあるが、循環や地域づくりの専門家ではない。あるいは農政課の職員は地元農業のことはわかっていても、ごみのことは知らないし、地産地消も苦手である。

行政職員が社会変換の担い手、実行主体になるには、まずは首長（町長、市長）が機構改革をおこない、資源循環係あるいは循環型社会推進室をつくり、専任の担当者を配置する。あるいは、とりあえず「生ごみ資源化とはどういう事業か学んでこい」という首長や環境課の課長の命令を出す。そして行政職員が「循環の学校」に参加する。

現在、筆者（中村）が考えている循環の学校は、基礎コースとして、以下のような三日間の研修コースを考えている。

・一日目　循環に触れる
午前：現場のプラントを見る
午後：循環に関する講義
　基本的な考え方、先進地の取り組み紹介
・二日目　循環を体験する

午前：生ごみの収集、液肥散布を体験する
午後：循環に関する講義
・三日目
学校給食、循環授業、ごみ分別授業などを学ぶ
参加者の地元での循環の仕組みを考える
循環を構想する
参加した職員の地元での資源化の手順、手法を作成・発表・検討

4 地域に循環をつくり出す

九州地域にはおよそ一三〇〇万人の人が暮らしているが、これは世界の二五位以内の国に相当する経済規模である。

この九州地域で全国に先駆けて（世界に先駆けて）生ごみとし尿と畜産ふん尿の循環利用を展開すれば、焼却炉は半減でき、し尿処理場も不要になる。九州の農地の半分以上で化学肥料が不要になる。

さらに、九州地域だけを特区としてＥＰＲ（拡大生産者責任）(1)やデポジット（預かり金制度）(2)を導入し、容器包装だけでなく廃電気製品、廃車などを企業の責任で回収することにすれば、自治体の扱うごみ、リサイクルは大幅に減少する。

ＥＰＲやデポジットを導入したからといってメーカーの売上げが減るわけではない。メーカーのつくり方、売り方を少し変えればいいだけだ。日本全国で一斉に取り組むのが困難というのであれば、九州だけ特区で先に取り組んでみればいい。九州の試みは、日本だけでなく、世界の環境マーケットが注目するだろう。

ＥＰＲやデポジットが導入されれば、自治体が責任をもって処理すべきものは、生ごみと、わずかなごみ、し尿、合併浄化槽の汚泥である。生ごみ、し尿、浄化槽汚泥は液肥として水田や農地で循環利用すれば、処理コストも半額以下になる。

ごみをつくって、それを処理するのではなく、循環で地域とお金と仕事を安く取り戻す。ごみ処理費用に使っていた税金は、医療や福祉、地域づくりにまわすことができる。

こんな、もう一つの地域のあり方（プランＢ）は、一〇年もしないうちにつくり上げることができる。

【注と参考文献】

（1）ＥＰＲ（拡大生産者責任）とは、生産から廃棄までの環境負荷について生産者が責任を負うこと。

（2）デポジット（預かり金制度）とは、使い捨て防止の観点から導入される制度で、例えば容器などを発売元に返却すると容器に支払った額が払い戻される。

参考資料

以下紹介する論文は長崎大学NAOSITEにてPDFでダウンロードできるものに限定した。すぐに読めて、本書の内容を詳細に理解することができる。「NAOSITE」で「中村修」で検索すれば、以下の論文のPDFが出てくる。

遠藤はる奈・和田真理・西俣先子・小泉桂子・中村修（二〇一一）「地方自治体における生ごみ資源化状況に関する全国調査」『長崎大学総合環境研究』第一三巻第二号、二七―三三ページ

中村修・王正・遠藤はる奈・岸田友里恵・松田香穂里（二〇一一）「筑後市の『ごみ分別授業』の実証と考察」『地域環境研究』第三号、五五―六一ページ

遠藤はる奈・中村修・田村啓二（二〇一〇）「福岡県築上町におけるし尿液肥化事業について」『長崎大学総合環境研究』第一三巻第一号、四三―四九ページ

豊澤健太・薛慧慧・王正・遠藤はる奈・丸谷一耕・中村修（二〇一〇）「福岡県筑後市における『ごみ分別授業』の実践」『地域環境研究』第二号、五二―六〇ページ

遠藤はる奈・中村修（二〇〇八）「有機性廃棄物の循環利用に向けた有機液肥による需給バランスモデルの構築」『総合環境研究』第一一巻第一号、九―一八ページ

中村修・遠藤はる奈・力武真理子（二〇〇八）「有機液肥製造システムの運用に関する調査」『総合環境研究』第一一巻第一号、二七―三四ページ

中村修・佐藤剛史・田中宗浩（二〇〇五）「循環型社会形成に向けた有機液肥の水田利用の可能性」『総合環境研究』第七巻第一号、一三―二四ページ

中村修・和田真理（二〇〇三）「自治体における家庭系生ゴミの資源化状況について」『長崎大学総合環境研究』第六巻第一号、一七―三〇ページ

中村修・田中宗浩（二〇〇三）「適材適所の環境技術」『長崎大学総合環境研究』第六巻第一号、八一―八八ページ

中村修・佐藤剛史（二〇〇二）「佐賀県杵島地域における家畜尿有効利用の取り組みと課題」『長崎大学総合環境研究』第四巻第二号、一―九ページ

中村修（二〇〇一）「朝倉町における広域化処理と生ゴミ堆肥化事業についての考察」『長崎大学総合環境研究』第三巻合併号、一三―一八ページ

あとがき

一〇年前、はじめて関わる循環の現場にはさまざまな課題があった。仕事として手法が確立しているものはメーカーや業者に頼むことができる。しかし、循環のまちづくりははじめての経験である。お金にならない(ので業者に頼めない)こと、誰もやったことがないけれどやらなければならないこと。次々と課題が出てきてそれに向き合わなければならない。気がつくと一〇年以上たっていた。大木町、築上町、山鹿市の現場には、一〇年以上、大変お世話になった。

大木町の石川隆文元町長(二〇〇九年に八〇歳で亡くなられた)に声をかけてもらって、その際「メタン発酵+液肥+水田」という構想を説明したのが最初であった。わたしの構想はただの循環の手法だけだったが、大木町の人びとは、わたしの構想を超えてまちづくりの手法として形にした。

液肥を学ぶために築上町に勉強に行ったところ、「液肥+水田」は一見うまくまわっていたが、実際は大変だったので、循環授業を提案し授業もさせてもらった。

大木町には石川潤一町長と境公雄さん(環境課課長)、築上町には新川久三町長と田村啓二さん(産業課課長補佐)、山鹿市には中嶋憲正市長と栃原栄一さん(山鹿植木広域行政事務組合事務局長)などがおられ、実際の循環の現場は彼らの理想とアイデアと踏ん張りで切り開かれていた(括弧内は二〇一一年現在の役職、当時は現場の担当者)。しかし、そのことはここでは少ししか書かなかった。また、大木町の荒木フサエさんのような志の高い市民や農家がいて循環を支えていたが、その方たちのこともあえて書かなかった。もはや、生ごみ、し尿の循環利用は、優れた誰かの「がんばり」でおこなうことではないし、特殊なことではないことを示す必要がある。首長の合理的な判断と指導力、普通の行政職員の能力さえあれば、容易に取り組めるものとして大木町では実際に目にみえるものにしてくれた。

この本は、社団法人地域環境資源センターとの共同研究がきっかけとなった。全国の生ごみ資源化の取り組みをあらためて現地調査することで「いまだにこういうことで苦労しているのか」という、現地での残念な思いが本をまとめる動機となった。一方、うまくまわっている大木や築上、山鹿の現場では社会変換のノウハウが蓄積されていた。共同研究では、この本の共著者である遠藤はる奈さん、九州大学テクニカルスタッフの和田真理さん、長岡大学専任講師の西俣先子さん、(株)アタカ大機の足立佳子さんとの議論によって、各地のノウハウを「社会変換」として整理できるようになった。なお、本書で紹介した事例のうち、朝倉市は和田さん、長井市は西俣さん、滝川市は足立さんが現地調査を担当した。本書の記述はその報告書によるところが大きい。

環境省廃棄物科学研究費（二〇〇二―二〇〇四年）のおかげで、誰もやろうとしなかった現場での社会変換の取り組みの試行錯誤ができた。江頭ホスピタリティ事業振興財団の支援（二〇〇六―二〇〇八年）で食と循環についてじっくり検討ができた。ただ、それでも現場のさまざまな取り組みに追われて、「社会変換」という概念を獲得するまで一〇年もかかってしまった。

現場で一〇年かけてお世話になったことは、これから一〇年かけて現場に還元する予定である。自治体やメーカーに呼びかけて研究会をたちあげ、有機物循環センターの標準モデルと、社会変換の手法を提案していく予定である。めざすは、築上町の農家田中祐輔さんの〝液肥号〟のような、奥の深い軽やかさである。

二〇一一年九月一日

中村　修

●著者略歴と執筆分担

中村　修

1957年佐賀県生まれ。大阪大学工学部環境工学科卒。九州大学大学院農学研究科にて博士（農学）。京都精華大学講師を経て、現在、長崎大学大学院水産・環境科学総合研究科（環境科学部）准教授。

著書『なぜ経済学は自然を無限ととらえたか』（日本経済評論社）、『実践食育プログラム』（家の光協会）、『農家のための産直読本』（農文協）など。

メール：osamu.nakamura@nifty.ne.jp

第Ⅰ部の第2章以降、第Ⅲ部、はじめに、あとがき、および全体の編集を担当。本書の写真はほぼ中村の撮影。

遠藤はる奈

1983年福島県生まれ。長崎大学環境科学部卒。同大学院生産科学研究科修了。博士（環境科学）。有限会社AT研究所代表取締役を経て、現在、特定非営利活動法人環境自治体会議環境政策研究所主任研究員。

メール：colgei.endo@gmail.com

第Ⅰ部の第1章、第Ⅱ部を担当。

成功する「生ごみ資源化」

——ごみ処理コスト・肥料代激減

2011年9月30日　第1刷発行

著　者　中村　修
　　　　遠藤はる奈

発行所　社団法人　農山漁村文化協会
〒107-8668　東京都港区赤坂7丁目6-1
電話　03（3585）1141（営業）　03（3585）1145（編集）
FAX　03（3585）3668　振替　00120-3-144478
URL　http://www.ruralnet.or.jp/

ISBN 978-4-540-11127-3
〈検印廃止〉

Printed in Japan
DTP／ふきの編集事務所
印刷／（株）光陽メディア
製本／根本製本（株）
定価はカバーに表示
乱丁・落丁本はお取り替えいたします。

有機質資源化推進会議 編

有機廃棄物資源化大事典

B5 判　546 頁　15,000 円＋税

下水汚泥、焼酎かすやコーヒーかすなどの食品残渣、オガクズや剪定枝葉などの植物残渣、さらに生ごみまで、主要廃棄物の優良堆肥化の方法と実例を集大成。

第１章　有機廃棄物堆肥化の基礎と利用

１　堆肥化技術の基本システム／２　製品の流通と品質／３　廃棄物堆肥の利用と留意点／４　有効利用の推進にむけた課題

第２章　素材別・堆肥化の方法と利用

１　有機汚泥類／２　食品加工残渣／３　林産残渣、植物残渣／４　生活ごみ／５　畜産廃棄物／６　異素材融合技術

第３章　優良地域事例

北海道札幌市　石炭系下水汚泥の無添加コンポスト生産と農地・緑地利用／山形県・立川町堆肥化生産センター　生ごみ活用。籾がら、家畜ふん尿を組み合わせて有機栽培を推進／他

農文協 編

環境保全型農業大事典
第１巻 施肥と土壌管理

B5 判　870 頁　14,286 円＋税

圃場からの肥料流亡の回避などによる環境への負荷削減と、生産力維持を両立させるための肥料・有機物の効率的な利用技術を、研究成果にもとづいて集大成。
併せて地域循環型農業に取り組む 16 の先進事例も収録。

<1> 環境保全型農業にむけての基本視点

<2> 環境負荷の実態と浄化

<3> 環境保全型施肥の実際

<4> 作目別環境保全型施肥の実際

<5> 農地の環境悪化とその対策

<6> 環境保全型農業の地域事例

・微生物と米ぬかのボカシ肥で安全、低コストの限界突破農業
・「特別栽培米」づくりから景観も生かした環境保全型農業の展開へ
・村で発生する有機物すべてを肥料に堆肥に活用、産直を核に「健康と自然の美味しさ発信地」へ
・消費者との信頼を築く環境保全米が地域に拡大
・旅館の食品残渣と家畜糞尿で独自堆肥生産された野菜は旅館の献立に
・家畜糞尿、籾がら、家庭生ごみ、森林資源などあらゆる地域資源を堆肥化して地産地消
・「こわしてしまった農地」の再生から地域資源循環システムの構築へ
・大手スーパー、肉牛農家、野菜農家が一体となった「食」の循環系構築
・堆肥、独自有機肥料、輪作で土つくり　他

第２巻 総合防除・土壌病害対策

B5 判　856 頁　14,286 円＋税